发现之旅

王渝生　主编

中国大百科全书出版社

图书在版编目（CIP）数据

发现之旅 / 王渝生主编. -- 北京 ：中国大百科全
书出版社，2025. 1. -- ISBN 978-7-5202-1755-2

Ⅰ. P941-49

中国国家版本馆 CIP 数据核字第 2025MJ9005 号

出 版 人：刘祚臣
责任编辑：张恒丽
责任校对：程忆涵
责任印制：李宝丰
出版发行：中国大百科全书出版社
地　　址：北京市西城区阜成门北大街 17 号
网　　址：http://www.ecph.com.cn
电　　话：010-88390718
印　　制：唐山富达印务有限公司
字　　数：100 千字
印　　张：8
开　　本：710 毫米 ×1000 毫米　1/16
版　　次：2025 年 1 月第 1 版
印　　次：2025 年 1 月第 1 次印刷
书　　号：978-7-5202-1755-2
定　　价：48.00 元

编 委 会

"毒泉" 揭秘

"边疆的泉水清又纯……"难道自然界中的泉水都像这首歌中唱的那样清澈、凉爽、甘甜吗？事实远非如此。中国泉的数量非常多，总数可以达到10万多处，分布十分广泛，种类也非常丰富，各地名泉不胜枚举。地下的泉水在地层经过漫长的旅行，往往形成了矿泉，有的对人有益，也有的受到各种污染，变得有毒有害。

《三国演义》中记载：诸葛亮为平南蛮擒孟获，进军秃龙洞，先头部队兵士误饮"哑泉"之水，腹痛口不能言。诸葛亮亲自察看，见一潭清水，深不见底，水气凛凛。诸葛亮又登高望之，见四壁峰岭，鸟雀不闻。调查得知，此处更有4个毒泉：一名哑泉，其水颇甜，人若饮之，则不能言，不过旬日必死；二曰灭泉，此水与汤无异，人

《三国演义》

《三国演义》是元末明初小说家罗贯中创作的长篇章回体历史演义小说，与《西游记》《水浒传》《红楼梦》并称为中国古典四大名著。

《三国演义》大致分为黄巾起义、董卓之乱、群雄逐鹿、三国鼎立、三国归晋五大部分，描写了从东汉末年到西晋初年之间近百年的历史风云，即东汉末年的群雄割据混战及魏、蜀、吴三国之间的政治和军事斗争，同时塑造了一群叱咤风云的三国英雄人物。

若沐浴，则皮肉皆烂，见骨必死；三曰黑泉，其水微清，人若溅之在身，则手足皆黑而死；四曰柔泉，其水如冰，人若饮之，咽喉无暖气，身躯软弱如绵而死。这令人毛骨悚然的"四毒泉"并不完全是作者的艺术夸张，科学家经过实地调查，初步揭开了这些"毒泉"的秘密。

哑　泉

　　科学家认为，哑泉是一种稀有的矿化泉，泉水中含有铜盐较多，呈弱酸性，初饮感觉有点甜，饮入过多则会中毒，首先影响声带，使发声嘶哑甚至"失声"。解救的办法是尽快饮用一定量碱性水，与酸性铜盐发生中和反应，产生不溶于水的沉淀物。

　　云南、贵州一带自古以来就是产铜的地方，深山泉水中含有铜的化合物（铜盐）较多，形成了哑泉。史料记载中的哑泉有2处：其一据《宁远府志》说，在冕宁泸沽东五里，原在泉侧立有一碑，上刻"此处哑泉不可饮"；其二据《四川通志》称，在小凉山十五里，至今穴存焉，人食之皆失声。

　　有趣的是，目前云南发现了3处哑泉：一处在昭通地区的巧家县，一处在保山市瓦窑，还有一处在临沧市凤庆县境内澜沧江边。在贵州省安顺红崖碑下也有一处哑泉，吸引了众多游客。这些哑泉，有着特殊的科研价值和旅游价值。在哑泉处都立有醒目石碑，提醒路人和游客不要误饮。

　　可是，铜矿石是不溶于水的，怎么会跑到泉水里面去了呢？1947年，美国科学家在用硫酸铜溶液做试验时，发现了溶液中居然有好几种微生物，即氧化硫杆菌、氧化铁杆菌、氧化铁硫杆菌。它们能够氧化、分解矿石，使其转化成为溶于水的硫酸铜。这个发现终于揭开了哑泉的秘密。

酸碱中和滴定实验，
可以见到完全中和的瞬间

中和反应

中和反应指酸和碱互相交换成分，生成盐和水的反应。反应本质是氢离子和氢氧根离子结合生成水。在中和反应中，完全中和反应是指酸碱恰好完全反应。在实际生产应用中，人们常用中和反应改良土壤酸碱性、治疗胃酸过多、处理废水。

灭 泉

至于灭泉，其实是高温沸泉。我们知道，泉水水温在34℃以上称为温泉，如北京小汤山温泉，西安骊山温泉，广东从化温泉，广西陆川温泉，重庆南、北温泉，以及台湾北投温泉、阳明山温泉等。其中云南省温泉最多，共有700多处。

温泉的温度可以很高，达到100℃时就成为"沸泉"。云南省红河边上的一眼温泉喷出时温度高达103℃，是温度最高的泉水。滇西有著名沸泉，名"大滚锅"，泉水可以煮熟鸡蛋。

水的沸点是100℃，沸泉怎么可能超过100℃呢？我们知道在一个大气压下，纯净的水在100℃时就会沸腾汽化。如果在高压条件下，沸点则会升高，我们经常使用的高压锅，就是利用这个原理制成的。沸泉是在地层深处喷发

沸点

沸腾是在一定温度下液体内部和表面同时发生的剧烈汽化现象。沸点是液体沸腾时候的温度。不同液体的沸点是不同的。沸点随外界压力变化而改变，压力低，沸点也低。

出来的高压高温的泉水，而"热源"就是地球内部能量的释放，地球内部温度分布不均匀，大约每增深 100 米，温度会增高 2.5℃。据勘测，在地层深处压力很高，那里的水温甚至可以达到 150℃呢！

  云南腾冲热海是高温沸泉的代表，是国家级风景名胜区，具有独特的地质特征和丰富的地热景观，被誉为"天然地热博物馆"，每年都吸引着大批游客来此探奇和休闲。附近还有一喷气孔，名"燕洞"，热气自洞内升腾而出，可进行蒸疗。洞仅容一人，因温度很高，入洞蒸疗时间不宜过长。

腾冲热海大热锅景区

黑 泉

　　"黑泉"听起来甚为可怕："人若溅之在身，则手足皆黑而死。"人们一般认为是剧毒动植物沤烂在泉中，导致泉水带毒，颜色变黑。在云南、贵州等地确实发现多处黑泉，如一处在云南腾冲东南，当地人把它叫"扯雀塘"，意思是从上空飞过的雀鸟会被"扯"下来中毒而死。黑泉中不断冒出酸臭气体，刺鼻、刺眼，使人头晕、恶心、发软、呼吸急促以致死亡。黑泉四周经常有死鼠、猫、蛇和各种鸟类。

　　科学家解释：扯雀塘是火山活动的产物，塘口的气体中含有大量的硫化氢和其他有毒气体，这是火山活动后期的一种"低温放气现象"。也有科学家认为黑泉中含有多种碘、溴。溴溶于泉水中并不稳定，遇热后会以溴蒸气的形式逸出，对人体刺激很大，可引起流泪、鼻出血、头晕直至窒息。军警经常使用的催泪弹就是根据溴的这种特性制造出来的。碘与金属氰化物遇热反应，生成剧毒的碘化氰，使泉水颜色变深，毒性更加厉害。

柔 泉

　　"柔泉"是水温极低的一种冷泉。冷泉是水温低于当地平均气温的泉水。冷泉的成因比较复杂，大多数专家认为与二氧化碳有关。地下水在地层中漫长运移时溶有大量二氧化碳，当泉水流出地面时压力骤减，二氧化碳从水中逸出，带走大量的热量，使泉水"寒冷如冰"；另一种观点则认为，有的冷泉还含有一种天然的硫酸盐——芒硝，这是一种味辛咸苦的泻药。诸葛亮的部下经过酷暑急行军，众人口渴难耐，遇到冷泉，图一时痛快大量饮用。然而水火相攻，身体无法调节，肚痛难忍连连下

二氧化碳

二氧化碳，化学式为 CO_2，常温常压下无色无味，可溶于水，也是一种常见的温室气体，还是空气的组分之一。二氧化碳的化学性质不活泼，不能燃烧，通常也不支持燃烧，但可与水反应生成碳酸。一般可由高温煅烧石灰石或由石灰石和稀盐酸反应制得。固态二氧化碳称为干冰，常用于制冷。

干冰

泻，"身躯软弱如绵而死"。柔泉的"柔"字，就是极形象的解释。

大部分泉水都属于冷泉，这是一种极其宝贵的自然资源，历史上曾经将北京玉泉、镇江中冷泉、济南趵突泉、江西庐山谷帘泉命名为天下第一泉。此外镇江金山泉、杭州虎跑泉等，也在名泉之列。济南号称有 72 泉，故有"泉城"美誉。

现在中国还发现了多处的"汽水泉"，就属于天然冷泉。这些矿泉因含过量的二氧化碳，被誉为"天然汽水"，并含有多种对人体有益的矿物质，成为风靡世界的保健饮料。比如辽宁新金县的汽水泉，每小时喷水量达 625 千克，其中二氧化碳含量达 3.6 克/升。山东崂山是著名的旅游胜地，崂山矿泉富含二氧化碳，可达 2.3 克/升，甘洌可口，远销世界各地。

科学家揭开各种"毒泉"的秘密，在这些地方都立有石碑作为警示。另外，科学家告诉我们：这些"泉水"中的许多微量元素是极其宝贵的化工原料，无论"温泉""沸泉"，还是"冷泉""毒泉"，都是大自然赐予我们的宝贵资源。

"鸣沙" 之谜

曾经有首老歌唱道:"有一个美丽的传说,精美的石头会唱歌,它能给勇敢者以智慧,也能给勤奋者以收获。只要你懂得它的珍贵啊,山高那个路远也能获得。"其实,会唱歌的石头,现实中就有;而会唱歌的沙子,神州大地,更是所见甚多。

鸣沙山,响沙湾

甘肃敦煌,以其沟通东西的丝路重镇的历史地位和享誉世界的莫高窟的神奇文化,吸引着八方游客纷至沓来;来到敦煌的游客,又无不期待着能在鸣沙山亲身感受一回谜一般的鸣沙。

鸣沙山位于敦煌市南不远处,东西长约 40 千米,南北宽约 20 千米,相对高度数十米,最高山峰 250 米。鸣沙山以鸣沙得名,自古以来也因鸣沙而著名。据唐后期的全国地理总志《元和郡县志》记载:"鸣沙山,一名神沙山……其山积沙为之,峰峦危峭,逾于山石。四面皆为沙垅,背有如刀刃,人登之即鸣,随足颓落,经宿风吹,辄复如旧。"

1000 多年过去了,鸣沙山依然神奇:从山顶滑沙而下,运气好的时候,但闻鸣声不绝于耳;如果晚间下滑,有时还能见到转瞬即逝的束束火花,更添一份奇异。据报道,1991 年 5 月 28 日,敦煌市体育运动委员会组织了一次滑沙比赛,其间,测出鸣沙的最大声音强度竟然达到了 67 分贝！我们知道，声音超过 50 分贝就会影响睡眠和休息，而 70 分贝以上就会干扰谈话、影响工作效率，"鸣沙"声音之大可见一斑。

然而有趣的是，人们来到鸣沙山，正是为了追求这不知从何而来的"噪声"。古人不明究竟，称呼此山为"神沙山"，并立祠祭之；"沙岭晴鸣"，成为敦煌富有魅力的一景。史书里有记载，天气晴朗之时，山有丝竹管弦之音，犹如奏乐。

敦煌鸣沙山之鸣，又非独奏个唱。因为鸣沙可以带来旅游经济效益，也因为鸣沙充满了神奇甚至怪异，务实的政府与探奇的勇士，在广袤的中华大地上，发现了一处又一处会唱歌的沙子。

木垒鸣沙山，位于新疆昌吉州木垒哈萨克自治县境内，当地哈萨克人称之为"阿依艾库木"，意为"有声音的沙漠"。其山雄踞沙海，平地而起，共有 5 座赭红色的垄状沙丘。每当汽车开近时，常有雷鸣号角之声从

噪声

从生理学观点来看，凡是干扰人们休息、学习、工作以及对人们所要听的声音产生干扰的声音，即不需要的声音，统称为噪声。当噪声对人及周围环境造成不良影响时，就形成噪声污染。

沙丘内部发出，时断时续，时高时低，忽如丝弦悠扬，忽若铁骑奔突，而当数人并排滑下时，随着黄沙的滚动，或闻遍山回荡叱咤风雷之声。

巴里坤鸣沙山，位于新疆巴里坤哈萨克自治县东南方平坦的大草原上，是一片连绵耸立着的白色沙山。由于这沙山时常发出奇怪的声响，人称"鸣沙山"。当地传说，大唐奇女樊梨花携西征的女兵曾经隐藏于此，却被一阵漫天的风沙吞没，而那呜呜的声响，便是冤死的女兵们思念故乡的千年呼喊。

达拉特旗响沙湾，坐落在内蒙古达拉特旗境内库布齐沙漠东端，蒙语中称为"布热芒哈"，意为"带喇叭的沙丘"。高大的沙丘呈月牙形状，横亘数里，而由丘顶往下滑溜时，或会听见轻如青蛙"呱呱"的叫声，重如飞机"嗡嗡"的轰鸣声。

中卫沙坡头，地处宁夏中卫腾格里沙漠东南缘。过去，沙坡头以沙漠生态治理成果闻名于世；现在，则入选《中国国家地理》杂志评出的"中国最美的地方"——中国最美的五大沙漠之一。沙坡头有百米沙山，沙坡面呈凹形，悬若飞瀑，游人滑沙，但闻沉闷浑厚的奇特沙响，因此得名"金沙鸣钟"。

然而，相对于上述这些小小舞台上的鸣沙旋律，曾经荣膺"中国最美的五大沙漠"第一名的巴丹吉林沙漠，无疑就是具天地奇响、扬自然妙音的巨大舞台了。巴丹吉林沙漠位于内蒙古阿拉善盟的阿拉善高原西部，面积4.4万平方千米。1996年初，中国科学院兰州沙漠研究所的专家们在考察中发现，巴丹吉林沙漠竟是一个特大的鸣沙区！作为目前已知的世界上最大的响沙区，滑行其上甚至行走其中，时常可闻犹如飞机掠过天空发出的轰鸣之声，壮观骇人！

可以肯定地说，会奏旋律、会唱歌的沙山、沙湾、沙坡、沙漠，在沙漠面积广大的中国，一定远远不止上述几处。由于自然条件的恶劣，抱着对"大漠孤烟直，长河落日圆"的向往，带着瀚海驼铃的意象，绝大多数旅游的人们还只是巡行在这"死亡之海""生命禁区"的边缘。沙漠中的种种秘境，我们真的是所知不多。

沙本无声，声从何来？

为何沙子会"唱歌"？近现代中外不少的地理工作者、地质工作者，走入沙漠，踏勘鸣沙之地，努力寻求着答案，逐步总结着规律。经过历久而艰辛的细密考察，学者们发现，虽然鸣沙分处各地，情况不尽相同，但归纳起来，自然界中鸣沙的出现应该具备下列条件：

第一，沙子必须运动。

当风力推动沙子运动，或者沙子受其自身重力作用向下滑动，或人从沙堆顶部向下滑动从而引起沙子下滑时，沙子才会鸣叫。

运动着的沙子才能唱歌，这个道理其实是容易理解的。比如曾有游客写道："沙的鸣响现象产生在刮风的天气之下。每当此时，沙子便周期性地顺坡滑下。就是天气平静，沙子寂静无声，使沙子鸣叫起来也是轻而易举的事。为此，可爬上沙堆的上端，坐下来，顺坡滑下。这时，沙子便能随着躯体的运动，开始发出低沉的吼嚎声……"

第二，沙子需要干燥、发热。

阳光照耀下的沙子，温度逐渐增高，如果再使沙子运动起来，往往就会奏出旋律。

鸣沙一般见于继干热天气后而刮来大风的时候，鸣沙的沙堆坡一般都是朝阳的一面。观测结果表明，受到太阳辐射的沙子，表面温度可以高达 $65 \sim 70℃$。干燥酷热的沙子在风的动力作用下，不仅沙面能够发生鸣响，就是几十厘米的深处，有时也会发出声音。

第三，鸣沙往往与水有关。

学者们注意到一个现象，即鸣沙的附近大都有水。如敦煌鸣沙山的北侧即月牙泉，中卫沙坡头紧靠黄河岸边，达拉特旗响沙湾本身就在干河谷左侧基岸上，巴里坤鸣沙山附近则有泉流。而且，近水的沙子，鸣声的大小与沙子干燥表层的厚度相联系，表层干燥沙越厚，鸣声越低，反之则鸣声越大。

第四，鸣沙具有特殊的表面孔洞、机械成分及颗粒状况。

根据部分鸣沙地如中卫沙坡头、达拉特旗响沙湾的沙质标本分析，可以发现"鸣沙"以石英沙粒为主；机械成分为细粒沙或中粒沙，而且分选性好，灰尘很少；在显微镜下观察，鸣沙颗粒光滑的表面上还有许多蜂窝状的小孔洞。

大体来说，具备了上述四项条件，传统认识中的"哑沙"就会变成"鸣沙"。1959年，著名地理学家竺可桢在考察中卫沙坡头之后，对鸣沙的形成条件有段总结："只要沙丘高大，坡陡，底下有泉涌出，以细砂为主，矿物成分大部分是石英，表层干燥，被太阳晒热，再经摩擦，便会发出声响来。"

那么，鸣沙究竟是如何发出声响的呢？

对于这个饶有兴味的问题，空气说认为，沙粒运动时，沙粒间的空气受压外逸，或上面干沙层中的空气受压向下，受到湿沙层的阻挡，都会产生振动，引起鸣响；静电说认为，石英沙粒的相互挤压摩擦产生了静电，于是沙鸣；压电说认为，石英沙粒受到挤压就会带电，并且往复伸缩振动，电压、振动与声音又呈同步关系；摩擦说认为，表面干净而均匀的沙粒之间因摩擦而产生的能量，足以形成鸣响；地理环境说则以竺可桢先生上面的总结为代表，其中的关键，又是这些因素共同构成了一个天然的"共鸣箱"，使得具有某种频率的声音得以突然增大。

众说纷纭的"鸣沙"成因，近年来经过大量的科学实验，已经渐渐众说归一：鸣沙颗粒区别于普通沙粒的最重要方面，是其光滑表面的蜂窝状小孔洞。这些小孔洞的形成，与长年风蚀、水蚀以及化学溶蚀等有关。而众多的小孔洞又好比"共鸣箱"，将沙粒摩擦发出的细小声音放大，于是产生出可被人们听到的声响。当然，在自然界里，如沙山坡度、沙粒均匀度、沙面温度、水分含量及周边环境等外部因素，也会影响到鸣沙的发声。形象地讲，在风力的长期反复搬运与侵蚀下，大小均匀、杂质极少、具有蜂窝状小孔洞的沙子，堆成具有一定坡度的沙山；

沙山上的沙子，受到风力或人力的作用产生运动，而运动摩擦中发出的微细原声，经过水汽含量有别的"共鸣箱"的扩音处理与向外传播，便出现了其实并不奇怪、却也音量音质各异的"鸣沙""响沙""哨沙""乐沙"现象。

能够证明"共鸣"理论的例子很多。比如本来并不发声的普通沙漠、海岸沙粒甚至玻璃珠粒，经过科学家们的表面处理后，竟然能够发出和鸣沙一样的声音；而鸣沙受到污染、孔洞被堵塞后，也会失声，变成"哑沙"。

值得强调的是，表面孔洞是会唱歌的沙子的"声带"，这一"确诊"，具有广泛的应用前景。目前，中国科学家已将采自毛乌素沙地、腾格里沙漠、塔克拉玛干沙漠、科尔沁沙地等地以及科威特、日本、澳大利亚等国的"哑沙"，经过化学、物理的方法，处理成了"鸣沙"。我们有理由相信，在不久的将来，人造鸣沙景观与旅游纪念品将带给人们无限的乐趣。

共鸣

共鸣是物理学名词，指物体因共振而发声的现象。共振是指一物理系统在特定频率和波长下，比其他频率和波长以更大的振幅做振动的情形；这些特定频率和波长称之为共振频率和共振波长。

弦乐器共鸣箱利用琴弦与空气柱共鸣增强乐声

"巧克力山"之谜

巧克力是一种美味食品，它总是令人垂涎欲滴。在我们生活的地球上，有这样一个盛满"巧克力"的地方。

这个地方位于菲律宾米沙鄢群岛的中心，不过，它们并不是真正的巧克力，而是一个个像巧克力一样的圆锥形小山丘。来到这里，虽然不能一饱口福，那些"巧克力山"却能让你大饱眼福。

天然"巧克力"

20世纪80年代的一天，一位名叫汤森的欧洲人来到菲律宾旅游。汤森是个狂热的摄影爱好者，只要哪里有美景，他就会带着相机跑到哪里。

一次，在导游的带领下，汤森乘坐小船来到了米沙鄢群岛。一上岛，他们眼前便出现一个个圆锥形的小山丘，密密麻麻的小山丘几乎占据了整个岛屿。它们有高有低，高的大约有120米，矮的只有40米左右。

这些奇特的山丘令汤森大感意外，他在小山丘之间转来转去，不时用手摸摸山体，并询问导游，这些山丘是不是岛上人修建的坟墓。

　　导游回答说，这些山丘并不是岛上居民修建的坟墓，他们根本不可能修出这么大、这么多的坟墓。这些山丘是自然形成的。

　　随后，汤森和导游两个人爬到了附近一座稍高的小山上，居高临下看去，山丘群的全貌呈现在面前：那些圆圆、尖尖的小山丘井然有序地排列在地上，它们全身披满了褐色的干草，看上去仿佛一个大盘子里盛放的食品。

　　"巧克力！"汤森脱口而出。的确，这些山丘的形状和颜色太像巧克力了。

　　后来，又有不少人来到米沙鄢群岛参观。经过仔细勘察，人们发现，这里的圆锥形小山丘共有 1268 个，它们身披厚厚的草皮，雨季来临时，这些山丘生机勃勃，绿意盎然，看上去像一个个绿色小茸球；而当旱季来临时，山丘褪去绿色的外衣，变成土褐色，与巧克力的颜色十分相似，犹如一排排大号巧克力，又似一个个超级大馒头堆放在小岛上。

　　这些"巧克力山"是如何形成的呢？

巨人打架与爱情泪滴

关于"巧克力山"的形成，在菲律宾流传着一个巨人打架的传说。

远古时候，这个小岛上生活着两个巨人。有一天，为了争夺地盘，两个巨人大打出手。这一架打得昏天黑地，不可开交。他们用脚踢，用拳头打，后来觉得不过瘾，干脆捞起海里的大石头扔向对方。一块、两块、三块……小岛上满是巨人打架散落的石头。最后，两个大块头筋疲力尽，他们的行为也惹恼了天神。天神一生气，将两个大家伙赶出了小岛，不准他们再踏上岛屿一步。

闹事的主儿走了，却留下一堆打架的石头无人收拾。这些石头便是"巧克力山"。

除了巨人打架这个说法，当地还有一个更动人、也很浪漫的传说。

很久以前，一位叫阿拉贡的巨人爱上了当地最美的姑娘阿拉雅。不幸的是，阿拉雅已经订婚了。结婚前夜，阿拉雅独自一人到河中沐浴。心爱的姑娘就在眼前，阿拉贡忍不住将她抢回了家。不过，由于阿拉贡

神话

神话是由人民集体口头创作，表现对超能力的崇拜、斗争及对理想追求与文化现象的理解与想象的故事，属民间文学的范畴，具有较高的哲学性、艺术性。千百年来一直是文人墨客与民间艺人进行创作的不朽源泉，对后世影响深远。

夸父逐日

的容貌十分丑陋、恐怖，阿拉雅吓得心脏病发作，很快便死了。可怜的巨人伤心欲绝，他哭啊哭啊，眼泪一滴一滴，滴落到小岛上，化为了"巧克力山"。最后，这位伤心至极的巨人也一命呜呼，他的身体化成了环绕"巧克力山"的布诺蔓山脉。

"巧克力山" 是怎样形成的

传说终归是传说。

关于"巧克力山"的形成，科学家们有种种推测。其中最有代表性的一种观点认为，"巧克力山"是由于火山喷发形成的。

菲律宾是著名的火山之国，米沙鄢群岛附近的海底下，更是隐藏着许多海底火山。专家认为，在很早以前，米沙鄢群岛附近并没有岛屿，只是一片蔚蓝色的大海。在一次海底火山喷发中，大量的岩石从海底深处喷射出来。后来，这些岩石表面覆盖了一层厚厚的石灰岩。再后来，随着地质运动，海床逐渐抬升，并从海水中脱颖而出露出海面，形成了米沙鄢群岛。在长期的雨水侵蚀和风化作用下，裸露的石灰岩慢慢被分割成了一块块孤立的山丘，这便是我们今天看到的"巧克力山"。

专家们经过勘探发现，这些"巧克力山"的确都是由石灰岩组成的：一块块巨大的石灰岩从地面拔地而起，伸展到40～120米的空中，形

石灰岩

石灰岩简称灰岩，是以方解石为主要成分的碳酸盐岩。有时含有白云石、黏土矿物和碎屑矿物，有灰、灰白、灰黑、黄、浅红、褐红等色，硬度一般不大，可与稀盐酸发生剧烈的化学反应。按成因分类属于沉积岩。

成了独特的山丘。不过，这里的石灰岩山体与一般石灰岩地区的地貌并不相同。因为在水的长期侵蚀下，石灰岩容易因化学反应而形成溶洞、天坑等地貌；但在这个小岛上，人们没有发现这些地貌现象。专家推测，这可能是因为当地气候分为雨季和旱季，尽管雨季降雨充沛，雨水对石灰岩有侵蚀作用；但是一到旱季，侵蚀便会中止，更兼岛上地下水匮乏，所以，这种侵蚀十分缓慢，还未形成溶洞和天坑。

除了没有溶洞、天坑出现，米沙鄢群岛上还有一个更奇怪的现象。

只长草不长树

如果你来到米沙鄢群岛，仔细观察这些大号"巧克力"，就会发现一个奇怪的现象：小山丘顶上，很难发现树的踪影，山上除了草还是草。

难道米沙鄢群岛不适合树木生长吗？

非也。这里地处亚热带，而且临近海洋，空气十分湿润，每年雨季，大量水汽都会在岛上聚积，降下丰沛的雨水，当地年降雨量甚至可以达到2000毫米以上，植物们在这里生长得十分旺盛。纵观"巧克力山"周围，你会发现，山丘下部不但长着茅草，还生长着大量郁郁葱葱的绿树，它们与"巧克力山"顶部形成了鲜明的对比。

这是怎么回事呢？专家们经过勘探发现，这些山丘上只有一层薄薄的浮土，浮土之下是坚硬的石灰岩，植物的根系很难破坏岩石表面并深入它的内部。面对这样恶劣的生存环境，只有茅草能在上面"安家落户"，对于树木这样的高大植物来说，由于扎根不牢，再加上浮土提供的营养有限，很难在山丘顶部生长起来。

不过，也有人认为，树木不能在山丘顶部生长的原因是这里海风很大，山丘顶部的树容易被吹折，所以不能生长。至于真正原因是什么，至今仍是一个谜。

亚热带

　　亚热带又称为副热带，是地球上的一种气候地带。一般亚热带位于温带靠近热带的地区（大致 $23.5° \sim 40°N$、$23.5° \sim 40°S$ 附近）。亚热带的气候特点是其夏季与热带相似，但冬季明显比热带冷。最冷月均温在 $0℃$ 以上。

"雨城"
何以 "天漏"

雨是上天赐予大地的甘霖。近年来，随着气候变迁和生态环境恶化，不少地方的雨越下越少；然而，在其他地方喊渴的同时，"雨城"——四川省雅安市依然云丰雨盈，"天漏"不休。

地近漏天终岁雨

雅安雨多，可追溯到远古。自古以来，雅安便有"华西雨屏""雅州天漏"之称。据史载，561年，北周武帝收复青衣、邛、徙地区；隋时，立雅州。那时，雅州便"多雨，天无三日晴"。唐代诗人杜甫有诗云："地近漏天终岁雨"。雅安民间也历来有"蜀犬吠日""雅无三日晴"之民谚。

雅安的多雨有三个特点：一是降雨

降雨量

降雨量是指12或24小时内降雨（雪）量的总和。也可指从天空降落到地面上的液态或固态（经融化后）水，未经蒸发、渗透、流失，而在水平面上积聚的深度。降水量以毫米为单位，气象观测中取一位小数，它可以直观地表示降雨的多少。降雨量是区域水资源量计算的重要依据，因此寻找一种准确简便的方法来预测降雨量是十分必要的。

日数多。一年365天，雅安雨雾笼罩的日子便有200多天。二是雨量大。雅安年均降雨量1800多毫米，在内地实为罕见。三是降水时数长。全年降水累积时数高达2319小时。如此看来，雅安可谓名副其实的"雨城"；当然，与降雨量最大的地方，如号称"雨港"的台湾基隆相比，雅安之雨不算最多。

雅安"雨城"之得名，是因为其地处内陆，在水汽不如沿海充沛的条件下，每年却降下了比沿海许多地方还多得多的雨水。雅安多雨还有两个显著特点：一是夜雨多。雅安的降雨有70%以上发生在夜间。很多时候，雨从入夜开始飘落，天明即云散雨收。二是暴雨多。暴雨一般发生在夏季，年均暴雨次数在8次左右，最多年份达到15次。

"天漏"造就气象万千

"天漏"雨多，造就了雅安诸多神奇的气象景观。雅安市东南面有一山，名曰周公山。远望此山，山顶大部平坦，唯一山峰尖峭突起，似高高扬起的头颅。据当地人讲，每当次日天要下雨，周公山尖峰上就会云遮雾绕，远远望去，似一朵硕大的蘑菇长在山顶上，预示次日将为小到中雨；若云再厚密一些，远望山顶似戴着一顶草帽，预示次日将有大到暴雨。附近农村流传有"山顶蘑菇云，次日雨淋淋""山戴云帽，鱼儿乱跳，大雨就要到"等农谚。这种山顶云帽的情景在晴天尤为明显，有时晴空万里，别处一丝云彩也无，若第二天要下雨，周公山顶峰就会出现孤零零的一朵云。日至正午，阳光直照，云顶遮住日头，在山顶上投下一片阴凉，这个景象恰似周公山顶峰所戴的一顶草帽。

除了"山戴云帽示晴雨"奇观，在雅安荥经县太湖寺，有一棵会流泪的古树也令人百思不解。夏日炎炎，酷暑难耐；然而，人们只要站在"流泪"的神奇古树前，立时暑气全消，清凉无比。天气越是炎热，树上滴下的水珠就越多，当地人管这棵树叫"会流泪的古树"。

此外，还有"喷鱼兆风雨"奇观：在雅安的周公河中，每当天气变坏、暴风雨来临前，就会有一种"石斑鱼"从藏身的洞穴中游出，争先恐后地跳出水面，好似洞穴喷鱼。当地人讲，"喷鱼"现象出现的当晚，一般都会有大风大雨天气出现。

在上述奇观之外，还有一些神秘的气象现象至今无人能解：距雅安市40千米的芦山县罗城山顶有一瀑布，此瀑布"天晴水大，有雨水小"，对次日的天气预测极准。当地人将其视为"晴雨表"。雅安市上里镇的白马泉，泉水涌动时"能闻马蹄声声"，且泉水的涨落也与天气相关。

山帽云

山帽云，也称笠云，指覆盖在山顶的小块云，像戴在山顶上的帽子。当一股稳定气流爬升到山顶并准备越过山顶时，冷却形成山帽云。

揭开"天漏"之谜

说了这么多，那么雨城何以"天漏"？

在雅安，有一个美丽的神话传说：上古时，天被苍龙撞破，女娲炼五彩石补天。当别处都已补全，唯剩雅安一方天空时，女娲筋疲力尽，她勉强托起最后一块五彩石飞临雅安上空，几番努力，终因劳累过度坠于雅安地界，呕血而亡。从此，雅安便被淫雨笼罩，而女娲也化为"雨城"的一座山峰，怅恨地守望在碧波翻卷的青衣江边。

传说归传说，雨城"天漏"其实是由雅安自身所处的特殊地理环境造就的。

据专家解释，雅安的西侧是号称"世界屋脊"的青藏高原，东面则是平畴千里的四川盆地，雅安处于这两种天壤之别的地貌环境之间，常受高原下沉气流和盆地暖湿气流的交互影响，再加上从印度洋来的南支西风挟带大量暖湿气流，常被迫绕高原东移进入雅安境内，这几种气流相互作用，致使雅安不但雨日多、雨时长，而且雨量大。从地图上确实可以清楚地看到，雅安处在高原和盆地的夹缝之间，即使是外行，也能想象到：一旦高原和盆地上空的气流有什么"风吹草动"，雅安都会饱受降雨之苦。

雨城"天漏"的另一个重要原因是雅安别具一格的地理形状。

专家指出，只要看雅安四周的山脉就不难发现，雨城好像是一个"受气的小媳妇"，其"人身自由"完全被"丈夫"和"公婆"控制了：它的西面是高大雄峻的二郎山，西北方是险峻的夹金山，南部有大相岭横亘相向，只有东面一个出口。喇叭形的地形构成使得东来暖湿气流只能进，不能出。一到夜间，四周山上的冷空气下沉，冷暖气流一经交汇，雨城这一"受气的小媳妇"就只能"以泪洗面"——下起淅淅沥沥的雨来了。这也是雅安为何夜雨较多的原因。

　　此外，专家还指出，雨城"天漏"需要大量的暖湿水汽，从大气环流形势分析，为雨城输送水汽的大气环流有太平洋副热带高压和偏南气流。有它们的帮助，雨城的天空因此长漏不休。

　　从专家的解释来看，雨城"天漏"的最根本原因还是地形因素：之所以这样说，是因为与雅安相邻的其他地区降雨都不多，特别是二郎山、大相岭那一面的泸定和汉源县，更是与雅安的气候有天壤之别。

　　从雅安翻越二郎山就会发现：仅仅一山之隔，东坡和西坡的气候、地貌、植被、土壤等均大不相同。在东坡的山麓下，公路两旁草木葳蕤丰茂，原始森林郁郁葱葱，漫漫无际；但天气不是淫雨霏霏，就是白雾迷茫。当汽车一翻过垭口开始下坡后，呈现在眼前的却是另一番景象：蓝天无垠，艳阳朗照，放眼能看到前方耸入云端的冰山雪峰；俯视脚下的大地，则见高低不平的黄土地上一片荒凉萧瑟。仅仅一山之隔，东坡和西坡的差异却如此之大。

　　雨城"天漏"是大自然鬼斧神工造就的独特地理环境形成的，只是，雅安这样的地理环境在全球独一无二。所以，"雨城"也只能非雅安莫属了。

副热带高压

一般指副热带反气旋，气象术语。在南、北半球副热带地区（20°～30°纬度地区），经常维持着沿纬圈分布的高压带，称为副热带高气压带。由于海陆分布，纬圈方向上产生不均匀的加热作用，副热带高气压带常断裂成若干个具有闭合中心的高压单体，称为副热带反气旋。

副热带反气旋是控制热带、亚热带地区的大气活动中心，是组成大气环流的重要成员之一。夏季，它主要盘踞在中国华南、江南、江淮、黄淮等东部季风区。鼎盛时期，其势力还扩张到西南地区东部和西北地区东南部。

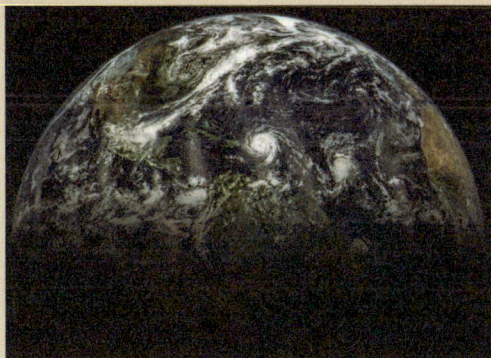

气旋与反气旋可以说塑造着我们的天气

彩色沙滩之谜

当你在海边的沙滩上迎风嬉戏的时候，你注意过你脚下沙滩的颜色吗？你或许见过银白色的沙滩，或许见过金黄色的沙滩，但你一定没有见过绿色、粉色、黑色的沙滩。

然而，它们就在这个世界上存在着！

椰风拂过，细小均匀的沙粒在阳光下闪现着金色的柔光，看起来是那么的平静安逸，踩上去是那么的绵软舒适。金色沙滩如绸缎般飘逸、舒畅，周围青山绿水、海天一色，风光旖旎……这是沙滩留给人们的一般印象，世界上大多数的沙滩也都向世人展示着这一景致，但实际上，沙滩有着种种不同的类型和特质，它的风情魅力绝非人们想象的那样单一。

海水一刻不停地冲击着海岸，将岩石磨砺成无数小颗粒，同时海水中的沙粒物质也因为海水的潮汐运动残留在海岸，从而形成了沙滩。但是并不是所有的海边都能形成沙滩，还要看海岸岩石的成分以及这片海域所处的地形。天然沙滩一般分为两种：硅质沙滩和钙质沙滩。硅质沙滩由海滩岩石风化而来的碎屑堆积而成，也可经河流搬运后沉积而成，颜色一般是黄色的；钙质沙滩由海中珊瑚的碎屑堆积而成，一般呈现白色。因为沙子是由岩石风化而成，所以沙的颜色由当地岩性决定，如石灰岩成沙多呈白色，火山喷出岩成沙多呈黄色。世界各地不同颜色的绚丽沙滩与海水的颜色并无直接联系，之所以会呈现出斑斓的色彩，是由物源地层丰富多彩的岩石和矿物质成分所决定的。而那斑斓闪烁的光泽，则主要是高反射率的彩色云母、石英、长石、角闪石、硅质岩屑等

沙子的主要成分

沙子的主要成分是二氧化硅，通常以石英的形式存在。石英化学性质稳定，质地坚硬，足以抗拒风化。

岩石、矿物质对阳光反射的结果。加之流水、海浪造成的不同色彩的微层组成的多种层理在纵横向上的变化，便形成了一幅幅光彩夺目、图案神奇的天然画卷。

明亮的油画——白色沙滩

世界上最著名的海滩——巴西科帕卡巴纳海滩的白色沙滩：海水碧蓝，浪花雪白，沙滩松软安逸。许多年前，科帕卡巴纳这里并没有白沙滩，有的只是白色岩石构筑的海岸。海浪以巨大的能量不断冲击海岸，使岩石遭到侵蚀。如果岩石上存在着裂隙或节理，海浪的破坏性就更为巨大——它在冲击岩石的同时还将岩石裂隙中的空气压缩，当海水退却压力骤减，就会产生爆炸般的力量。这一过程不断重复，白色的岩石不断崩塌、破碎。岩石的碎屑被激浪携裹着前拥后退，不断地相互碰撞、打磨，最终在适宜的地方堆积下来。但它们的磨难还没有就此结束，等待它们的是年复一年、日复一日地反复冲刷和淘洗。然而，痛苦的磨炼成就今日的辉煌，今天的科帕卡巴纳沙滩是如此细致晶莹，犹如一粒粒白砂糖一般，在阳光下整个沙滩如同一幅明艳无比的油画。

绚丽的漆画——红色沙滩

夏威夷群岛的第二大岛——毛伊岛的红色沙滩：这里是一片砖红、荒芜得犹如月球般的小岛。毛伊岛虽然是火山岛，但由于多年没有火山活动，黑色的火山岩并不多见，地表的岩石也开始风化成土壤，火山岩中黑色的磁铁矿在漫长的岁月中被氧化为砖红色的三价铁化合物（三价铁离子呈砖红色），因此这里的土壤呈现出一种抢眼的红色。经过海浪的冲刷，形成了我们今天所能看到的红色的沙滩。

斑斓的水彩画——绿色沙滩

帕帕克拉沙滩是地球上仅有的两处绿沙滩之一：橄榄石是火山熔岩中一种常见的物质，在平日里我们把它视为宝石，并以"太阳的宝石""黄昏的祖母绿""夏威夷钻石"等美誉来称赞它。如果有这样一片沙滩，橄榄石是构成它的主要成分，那么它该会有何等的美丽呢？

普马哈那火山锥主要是由玄武岩堆积而成。火山喷出的岩浆化学成分不同，冷却凝固后形成的火山岩也不同，在众多的火山岩中，玄武岩中含有大量的橄榄石成分，所以

橄榄石

橄榄石，天然宝石，其母岩是地幔最主要的造岩矿物，是一种镁铁硅酸盐。晶体呈粒状，在岩石中呈分散颗粒或粒状集合体。橄榄石是自然界最古老的宝石之一，也是历史上最重要的绿色宝石。

普马哈那火山锥便成了绿沙滩上橄榄石的源泉。火山锥被海水侵蚀为火山岩碎屑，碎屑中除了含有橄榄石外还有二氧化硅和黑辉石等成分。和其他成分相比，橄榄石的密度更大、硬度更高，因此在强有力的海浪冲刷下，其他成分被海水带走，只有橄榄石留了下来。从长远看，这些橄榄石最终也会被冲走，但由于海水对普马哈那火山锥的侵蚀还在不断进行，新的碎屑物被不断地提供，现在，橄榄石的流失和补给间达到了一种动态平衡状态。不过，火山锥的体积毕竟是有限的，当它消耗殆尽之后，这片独特的绿沙滩也会随之消失。

微妙的水粉画——粉色沙滩

哈伯岛的粉色沙滩：巴哈马群岛是西印度群岛的 3 个群岛之一，由 700 多个珊瑚岛构成，这些岛屿大都比较平坦，岛的表面上覆盖着一层磨碎的珊瑚粉末——珊瑚沙和珊瑚泥。由于远离古海岸带，海浪很难把海底松散物质带到珊瑚岛上，而珊瑚岛本身的土壤并未发育，因此，珊瑚岛上的沙滩通常也是由珊瑚粉末构成的。同样经过磨损和风化的珊瑚粉末，在海浪中反复淘洗，接近白色，而哈伯岛那种粉红色的"沙子"则是一种当地特有的有孔虫的遗骸。有孔虫是一种单细胞生物，体积非常小，肉眼很难看到。在哈伯岛周边的礁石上，附着着许多有着红色或亮粉色外壳的有孔虫。被大浪袭击或鱼类冲撞后，它们就会成团地掉下礁石，最后被冲到了沙滩上，变成了粉红色的"沙子"。粉红色的"沙子"达到一定比例，就将原有的白沙滩"染"成粉色了。

含蓄的素描——黑色沙滩

　　中国的黑沙滩：在澳门路环岛的南边，有一个奇特的海滩。它宽约1千米，呈半月形，坡度平缓，沙粒均匀光滑而且闪闪发亮。这个海滩原名"大环"，现名叫"黑沙滩"。这里的沙子全呈黑色，每当海浪掀起一层层白色的浪花冲击黑色沙滩时，黑白分明，十分罕见。黑沙滩的奇特之处还在于它左边不远处海滩上的沙子并不是黑色的，右边不远处的沙子也不是黑色的，唯有一块半月形海滩的沙子是黑色的。任凭海浪长时间地冲刷，也冲不走这一带发亮的黑沙子。为什么黑沙滩的沙子是黑色的呢？有人说黑色次生矿"海缘石"受海流影响被冲到这里，形成黑沙滩，也有人说是这里有黑云母矿所致。黑沙滩附近曾发现不少古代文物，其中有一个5000年前的彩陶片和制造陶器的作坊遗址，还有清代的钱币。可见早在石器时代，这里就有我们祖先的活动。近年，在珠海也出土了类似的文物，这更表明了澳门与珠海原本一脉相承。

　　彩色的世界形成了彩色的沙滩，这些今天能够让我们一饱眼福的沙滩是经过了千万年的演变才形成的，让我们在感叹大自然神奇力量的同时，共同去珍惜和保护这些来之不易的彩色沙滩吧。

沸腾的湖泊

你见过用大铁锅烧开水的情景吗？一口直径很大的铁锅盛满水，下面柴火熊熊燃烧，不多久，铁锅里便热气腾腾，沸水翻滚，看上去惊心动魄。

在自然界中，也有一个类似这样大铁锅烧水的湖泊，它就是美洲的沸水湖。到这里游玩，你可千万要小心，因为一旦掉入湖中，生还的可能性实在太小太小了。

荒谷中的沸水湖

沸水湖位于美洲加勒比海的多米尼加岛上。多米尼加虽说是岛屿，但岛上群山高耸，大部分地方地势陡峭，沸水湖就藏身在多米尼加岛南部火山区的山谷中。

据说，过去的沸水湖"养在深闺人未知"。有一天，几个探险者来此探险，他们走进这片山区时，突然看到远处的山谷中热气蒸腾，仿佛有人正在露天里生火造饭。几人当时又累又饿，看到荒山中升起炊烟，一下来了劲儿。大家紧赶慢赶，到达山谷里时，眼前的情景让他们大吃一惊：冒出热气的地方，原来是一个沸腾的湖泊！

这个沸腾的湖泊长 90 米，宽约 60 米，整个湖面热气腾腾，就像一锅煮开的水，特别是在湖的中心，湖水不停翻滚，水下涌起的水蒸气使湖面翻滚着灰蓝色的水泡，仿佛是开水沸腾时冒出的水花。当湖水装满时，从湖底喷出的蒸汽水柱竟高出水面 2 米多，看上去令人心惊胆战。

由于两边的山体十分陡峭，因此沸水湖的湖底又陡又深，距离湖岸不远处，湖水便深达 90 米，使人不敢离湖岸太近。可以说，沸水湖不但是一个可怕的滚水池，还是一道令人恐怖的深渊。再加上沸水湖周围地区由于长期受含硫气体及其他一些有害气体的影响，动植物都不敢靠近湖岸"安家"，因此，这里一片荒凉，当地人将其称为"荒谷"。

无法测量的温度

整个沸水湖从湖底到湖面，都是水腾如沸。不过，有人可能会产生怀疑：湖水之所以沸腾，会不会是由于地下喷泉的作用呢？它的温度，说不定和温泉差不多哩。

是的，泡过温泉的人都知道，温泉的水温虽然通常都不是太高，但整个温泉池里也是热气腾腾，看上去似乎和沸水湖的情景相差不大。不过，如果你真这样想就大错特错了，因为在这里泡温泉，相当于把自己活活清蒸了。

那么，沸水湖的温度到底有多高呢？有探险者曾经冒着危险，用温度计测量过近岸的湖水：好家伙！靠近岸边的湖水都有 90℃。看着"噌噌噌"上涨的温度计读数，强忍着炽热的水汽，探险者望了一眼翻滚的湖水，心有余悸地赶紧离开了岸边。由于常年沸腾，人们根本无法测量沸水湖中心的水温。曾经有人幻想过驾着小船，拿着温度计去湖中心测量，不过，面对开水般的高温和炽热难耐的水蒸气，谁都不敢把自己往这口沸腾的大锅里送。

在这里，随处可见景点的指示牌，它们时刻提醒游人：岸边的石头很滑，观赏时千万小心。有的指示牌则更直接：不要前往。不过，也有胆大的人把鸡蛋放在网兜中，拿到湖边去煮，不一会儿，香喷喷的煮鸡蛋便大功告成了。

火山与泉水的杰作

沸水湖是如何形成的呢？

据当地传说，很久以前，这里并没有沸水湖，当时山谷里植被茂密，郁郁葱葱，鸟儿在这里歌唱，野羊、兔子等动物经常出没，甚至

烫伤

烫伤是由无火焰的高温液体（沸水、热油、钢水等）、高温固体（烧热的金属等）或高温蒸气等所致的组织损伤。常见的是低热烫伤，低热烫伤又称低温烫伤，是指皮肤长时间接触高于体温的低热物体而造成的烫伤。接触 70℃ 的温度持续 1 分钟，皮肤可能就会被烫伤；而当皮肤接触近 60℃ 的温度持续 5 分钟以上时，也有可能造成烫伤，这种烫伤就叫低温烫伤。

猎豹、狮子也会光顾这里——可以说，在沸水湖出现之前，这个山谷是动植物的天堂。

可是有一天，山谷里突然传来一声巨响，有人看见天上掉下来一把巨大的水壶，落地之后，水花四溅，热气蒸腾，转瞬之间，水壶化成了一个沸腾翻滚的湖泊。据说，这个水壶是上帝用来烧开水的；但这一天，他可能心情不好，不小心碰翻了水壶，于是装满开水的壶从天而降，落下来便形成了沸水湖。为了取水饮用，上帝有时还会在夜深人静时光临这里。

传说毕竟是传说。沸水湖的形成自有其缘由。

自从被外界知晓后，沸水湖便成了旅行者的"宠儿"，许多人不远万里，专门赶到多米尼加的山区来一看究竟。一些科学家也来到这里考察，试图弄清沸水湖形成的真正原因。

经过长期观察，科学家们发现，沸水湖原来是由一眼间歇泉形成的。当泉水停止喷发后，沸腾的湖水因缺乏补给，水位便慢慢下降，这时，沸水湖终于露出了"庐山真面目"：在它的湖底中央位置，有一个圆形的喷孔，沸腾的湖水原来就是从这个圆孔里喷出来的。

间歇泉

温泉的一种。间歇泉是间断喷发的温泉，多发生于火山运动活跃的区域。有人说它是"地下的天然锅炉"。在火山活动地区，熔岩使地层水化为水汽，水汽沿裂缝上升，当温度下降到汽化点以下时凝结成为温度很高的水，每间隔一段时间喷发一次，形成间歇泉。

间歇泉"休息"的时间一般很短暂，当它恢复"体力"时，新一轮喷发又开始了，一时间地动山摇，山谷里轰响如雷，只见一股灼热的水柱从湖底喷涌而出，湖面上很快烟雾缭绕，热气腾腾。喷发厉害时，还会形成高达两三米的水柱，气浪和水柱冲天而起，十分壮观。

那么，间歇泉的水是如何被"煮沸"的呢？

原来，间歇泉坐落在一个古火山口上，地下火红的岩浆就像一只大火炉，把带有大量矿物质和含硫气体的水烧开后，再由古火山口通道（即喷孔）猛烈喷出来，于是便形成了这个大自然的奇观。

火山闪电之谜

火山喷发了！红红的岩浆四处流淌，火山灰冲天而起，直上云霄。

铺天盖地的火山灰中，一道道紫红色的闪电环绕其间，像一条条狂舞的金蛇；霹雳声震天动地，其情景宛若世界末日来临。

火山灰中为何会出现闪电？它是如何形成的？让我们从印度尼西亚锡纳朋火山喷发说起，去认识一下神秘的火山闪电吧。

诡异炫丽的火山闪电

印度尼西亚是世界著名的"火山之国"，据统计，该国一共有活火山120多座，约占全球活火山总数的1/6，锡纳朋火山便是其中之一。

火山们都是牛脾气，想"发火"便"发火"，想"睡觉"便"睡觉"，锡纳朋火山自然也不例外。过去的400年里，锡纳朋火山一直呼呼大睡，但在2010年8月的一天，它突然醒来，猛烈喷发，并造成数人死亡。沉睡了4年后，这座火山于2014年9月再度苏醒，当年12月底至2015年1月初，锡纳朋火山大发脾气，仅2015年元旦这天，它便喷发了22次之多。

2015年1月4日，安静了两天的锡纳朋火山再度猛烈喷发。从早晨开始，喷发便一直持续；到当天晚上，喷发次数超过了30次。火红的岩浆不时从地底深处喷溅出来，映红了周边的大地和天空，黑色的火山灰冲天而起，烟柱如一座耸立的高山，升腾到4000米的天空，看上去惊心动魄。不可思议的是，在奔涌翻腾的火山灰中，竟然出现一道道紫红色的闪电，它们仿佛是从燃烧的地下钻出来的金蛇，兴奋地狂乱舞动……耀眼的电光与火红色熔岩、黑色火山灰交织在一起，

岩浆

岩浆，地质学术语，是指产生于上地幔和地壳深处、含挥发成分的高温黏稠熔融物质，主要成分为硅酸盐。还有一种解释为，岩浆是指地下熔融或部分熔融的岩石。岩浆在地表冷却凝固而成的火成岩称为喷出岩；岩浆侵入地壳内冷凝而成的火成岩称为侵入岩。火山在活动时不但有蒸气、石块、晶屑和熔浆团块自火山口喷出，而且还有炽热黏稠的熔融物质自火山口溢流出来。前者被称为挥发性成分和火山碎屑物质，后者则叫作熔岩流。

岩浆

构成了一幅诡异炫丽的画面。隆隆的雷声和岩浆喷发时的巨大声音，更使火山口呈现出世界末日般的景象，仿佛天边开启了一道地狱之门。

锡纳朋火山的这次喷发，被一位名叫马丁·瑞兹的德国摄影师完整地拍摄下来。当人们在网上看到这组照片时，无不被火山灰云中的诡异闪电所震撼，很多人都感到迷惑不解：火山灰中怎么会有闪电呢？

魔鬼的舞蹈？

其实，火山闪电由来已久。公元 79 年，意大利的维苏威火山猛烈喷发时，将古城庞贝摧毁并掩埋。幸存者这样描述当时的情景："在我们身后，是令人恐惧的乌云，被纠缠翻滚的闪电撕裂，显露出巨大的火焰形象。"之后的 1000 多年间，人们也在其他地方观察到了这种诡异的火山闪电。

火山闪电到底是怎么回事呢？在有"火山岛"之称的冰岛，流传着这样一个传说：远古时代，大地上生活着一群魔鬼，它们无恶不作，逼迫人类四处流浪。上帝知道后，将魔鬼们一个一个捉来，埋在了地球最偏远的地底下。然而，魔鬼们并不甘心永远生活在黑暗中，它们不停地往上拱，当其中一个魔鬼拱出地面后，就会猛然冲出来，形成火山喷发。魔鬼跑到地面上以后，往往得意忘形，手舞足蹈，它一舞蹈，头上便会电光闪烁，霹雳声震天——这就是火山闪电的由来。当然，这个冲出地面的魔鬼得意不了多久，就会被上帝重新捉住并关到地下。

在频频遭受火山喷发之苦的印度尼西亚流传着火龙的传说。据说，火山是海洋中的火龙制造的，海洋中居住着很多火龙，它们经常钻出海面或地面喷火，从而形成猛烈的火山喷发。为了不让火龙为非作歹，每当它一喷火，天神就会用闪电镇压，所以火山喷发时往往伴随雷鸣电闪。

印度尼西亚

　　全称印度尼西亚共和国，简称印尼，是东南亚国家，首都为雅加达，与巴布亚新几内亚、东帝汶和马来西亚等国家接壤。印度尼西亚国土面积1913578.68平方千米，约由17508个岛屿组成，是全世界最大的群岛国家，疆域横跨亚洲及大洋洲，也是多火山多地震的国家。面积较大的岛屿有加里曼丹岛、苏门答腊岛、伊里安岛、苏拉威西岛和爪哇岛，全国共有一级行政区（省级）38个，二级行政区（县/市级）514个。印度尼西亚人口有2.81亿（截至2024年10月），是世界第四人口大国。有数百个民族，其中爪哇族人口占45%，还有巽他族、马都拉族、马来族等。民族语言共有200多种，官方语言为印尼语。约87%的人口信奉伊斯兰教，是世界上穆斯林人口最多的国家。

千岛之国

闪电身世之谜

　　传说终归是传说，要弄清火山闪电的真相，就必须先揭开闪电的身世之谜。

　　让我们把目光投向天空。快下暴雨了，空中乌云翻滚，雷声震天动地，一道道闪电撕开云层，炫目耀眼的电光令人惊悚不安。

　　闪电是发生在云与云之间、云与地之间或者云体内各部位之间的强烈放电现象。一道闪电的长度最短为100米，最长可达数千米。闪电的温度从17000～28000℃不等。因为闪电的温度实在太高了，所以在其经过的地方，空气瞬间剧烈膨胀，并在迅速移动中爆裂而发出巨大的声音，即雷声。

闪电

闪电要"诞生"，必须得有一个孕育它的温床，这个温床就是雷暴云，也就是我们上边所说的乌云。雷暴云在气象学上叫积雨云，这种云浓厚庞大，携带着大量水汽，云体内常常产生大量电荷形成闪电。因此，雷暴云可以说是闪电的"母亲"，没有雷暴云，也就不可能有闪电发生。

从闪电的形成机理来说，火山闪电的发生也必须得有雷暴云才行。

放电的"肮脏雷暴云"

莫非火山喷发时，在灼热的岩浆和火山灰中也有雷暴云生成？

这个问题的答案是肯定的。不过，因为这种雷暴云实在太脏了，所以，科学家称它为"肮脏雷暴云"。

我们都知道，云是地面上的水蒸气上升到空中凝结而成。雷暴云的主要成分是水滴和冰晶，虽然它在天空中看起来呈灰色或黑色，但它的本质比较洁净，降下的雨水也很干净。"肮脏雷暴云"就不同了，它是火山喷发时的强大冲击波孕育而成的，冲击波导致火山灰和水蒸气周围的大气被挖空，形成一个空洞，火山灰快速上升，把空气迅速抬升并冷却，使得水蒸气凝结，从而形成"帽子云"。这种帽子云同雷暴云十分相似，但因为里面混杂了火山灰等其他杂质，所以被称为"肮脏雷暴云"。虽然力气和能量远不如"老大哥"雷暴云，但"肮脏雷暴云"也能制造闪电，只不过这种闪电的长度很短，大约只有1米，持续时间也不过数毫秒。

至此，火山闪电的"盖头"似乎已经完全被掀开了，但是真相远不止这些。

摩擦摩擦

　　火山闪电背后还隐藏着不可告人的秘密。科学家们冒着生命危险，在火山口开展观测后发现，原来火山闪电并不单一，它是孪生的"双胞胎"：火山喷发初期，闪电表现为一系列强劲的电磁脉冲和简单放电；喷发后约 3 分钟，才开始出现常规的闪电信号。也就是说，火山闪电除了在"肮脏雷暴云"中孕育生成外，还有其他的生成途径。

　　这个途径是什么呢？我们都知道摩擦起电的原理：当两个物体相互摩擦时，一个物体会带正电荷，另一个物体会带负电荷。火山喷发时，大量破碎的岩石、火山灰颗粒从地底喷涌而出，它们之间相互高速摩擦，使得滚滚浓烟带上了电荷，同类电荷相撞便产生了放电现象。火山烟流喷上高空后，与水蒸气结合生成"肮脏雷暴云"，从而继续在更高的天空中制造出绚丽的电光和火花。

　　至此，人们已初步揭开了火山闪电之谜，不过火山闪电还有许多令人费解之处，比如，不同的岩浆成分是否会影响闪电的生成，火山闪电能否帮助预测火山活动等，这些都有待我们继续探索和发现。

基伍湖

——会燃烧的湖泊

俗话说，水火不容；但在地球上，有个地方的湖水会自己燃烧起来。这并不是天方夜谭。在非洲刚果（金）与卢旺达两国交界处，有一个名叫"基伍湖"的神秘大湖，它就像一个装满燃料的巨桶，时刻都处于待燃状态，给周围生活的数百万生命造成严重威胁。

这个大湖里究竟有什么可燃物呢？

恶魔潜伏湖底

基伍湖是非洲最大和最深的湖之一，这里湖面广阔，烟波浩渺，湖中鱼儿畅游，水鸟鸣啁……如果你来到基伍湖旅游，一定会被眼前的美景所吸引。

从空中鸟瞰，你会发现，狭长的基伍湖正处于东非大裂谷上，南北最大长度约 88 千米，东西最大宽度约 48 千米，面积达 2699 平方千米，海拔约 1460 米，平均水深 220 米左右，最大水深 489 米。湖岸大多由岩石构成，悬崖峭壁，险峻壮美，北岸更是有高达 3470 米的尼拉贡戈火山相依相偎。湖四周群山环抱，陡峻曲折，湖面上生长着大量浮游生物，湖中的鱼儿依靠这些充足的食料，长得又肥又壮。开车行驶在湖岸边，环顾四周群山，远处山峰重重叠叠，连绵不断。站在湖边沙滩上，背后是一抹翠黛的青山，眼前是浩瀚无际的湖水……由于景色旖旎，气候宜人，加之湖边土地肥沃，物产丰富，一直以来，这里便是人口密集之地，也是远近闻名的疗养胜地。每年都会有无数国内外游客来此休闲度假。

东非大裂谷

东非大裂谷是世界大陆上最大的断裂带，从卫星照片上看去犹如一道巨大的伤疤，因此东非大裂谷素有"地球伤疤"之称。这条裂谷带位于非洲东部，南起赞比西河的下游谷地，向北经希雷河谷至马拉维湖（尼亚萨湖）北部，然后分为东西两支。

这个美丽的大湖也引来了科学家的关注。他们发现，基伍湖的湖水有一个非常明显的特点，即自然地从下而上分成明显而稳定不变的层次，而且越是往下，湖水的矿化程度越高，密度也越大，从水深250米处继续往下，湖水便完全处于静止状态。

不过，与它的另一特点相比，湖水的这个特点便不足为奇了。

在基伍湖看似平静的湖面下，潜伏着一个邪恶而可怕的魔鬼。科学家们通过探测惊讶地发现，大约有550亿立方米甲烷及其他气体溶解于深达300米的湖水中。

甲烷是一种可燃气体，它也是天然气、沼气、油田气及煤矿坑道气的主要成分。也就是说，基伍湖如同一个装满燃料的巨桶，如果550亿立方米甲烷全部燃烧，后果将不堪设想。

天然气

天然气是指自然界中天然存在的一切气体，包括大气圈、水圈和岩石圈中各种自然过程形成的气体，如油田气、气田气、泥火山气、煤层气和生物生成气等。而人们长期以来通用的"天然气"定义，在石油地质学中通常指油田气和气田气，其组成以烃类为主，并含有非烃气体。

千年一次的大爆炸

事实上，基伍湖这个巨型火药桶在历史上曾经多次被点燃。

美国一位叫劳伯·海基的教授曾经前往基伍湖进行科学考察，他提取了湖底的沉积物样本进行研究后发现，5000年前，基伍湖中的所有动物曾全部消失，大量的陆地植被被冲入湖中。也就是说，当时湖中的甲烷曾经被点燃，整个湖水因燃烧引起大爆炸，导致鱼类和其他动物遭遇了一次大灭绝，冲天大浪还将岸上的植物卷入了湖中。

海基教授进一步研究后发现，这样的大灾难几乎每过千年便重复上演一次。

不过，今天的人们都不相信自己正生活在一个巨型火药桶边。每天，大家照样在湖上捕鱼捞虾，照样在湖边的温泉中洗泡泡浴。从20世纪80年代起，当地一家啤酒厂还从湖中抽取甲烷，用以酿制啤酒。当地政府也急于大规模开发湖中的甲烷。

科学家们却忧心忡忡。他们担心，基伍湖一旦爆发，不仅会释放致命的二氧化碳，还可能引起甲烷爆炸。这样一来，湖边数百万生命将会面临灭顶之灾。

科学家们的担心在2002年差点变成了现实。这一年的1月17日，尼拉刚果火山喷发了。这次火山喷发产生的岩浆几乎淹没了非洲一座城市的近半面积，50多万人无家可归。更可怕的是，火山熔岩以不可阻挡之势向基伍湖涌去。

尼拉刚果火山是世界著名的活火山，它距离基伍湖仅18千米。如果火山熔岩流到基伍湖底，有可能点燃湖中蓄积的大量甲烷，整个大湖有可能变为一片火海，并引起惊天大爆炸。

熔岩流慢慢逼近基伍湖，科学家们对此却束手无策。尽管他们都明白，一旦大爆炸发生，美丽的基伍湖以及岸边的数百万生命将荡然无存。

在世人关注的目光下，火山熔岩冲破重重阻碍，慢慢流到了基伍湖内。火红的熔岩与湖水刚刚相遇，便激起了数十米高的气浪，轰响声传到数千米之外。

基伍湖的火药桶真的会被点燃吗？

第一天过去了，熔岩仍在流淌；第二天过去了，熔岩还在流淌；第三天，熔岩流停止了。万幸的是，熔岩没有到达湖底，避免了一次大劫难。

不过，科学家们清楚，基伍湖虽然逃过了这一次劫难，它面临的威胁仍未解除：作为基伍湖导火索的火山岩浆，仍有可能卷土重来，而且

活火山

　　喷发和预期可能再次喷发的火山。活火山主要有两类：第一类就是现在正在喷发的火山，叫现代火山；第二类是指现今没有喷发活动，但在人类历史上，或者在地质历史上的最后一个时期即全新世，有过喷发活动，归类为休眠的活火山。那些最后一次喷发距今已很久远，并被证明在可预见的未来不会发生喷发的火山，称为熄灭的火山或死火山。

　　活火山的喷发活动具有周期性，如爪哇岛上的默拉皮火山，21世纪以来，平均间隔两三年就要持续喷发一个时期。

这次火山喷发只是一个警报，它表明，整个地区的地壳已开始失稳。因为基伍湖坐落在东非大裂谷的顶端，而大裂谷正在被撕得更宽。火山爆发之后，其内部形成了一个大裂缝，它就像一条通道，让炽热的岩浆流入湖底的地面下。也就是说，危险不是来自湖水上方，而是来自地下。如果火山再次爆发，岩浆中的热量不仅会将二氧化碳杀手送出湖面，而且更有可能点燃甲烷气体，在湖面上引起真正的大爆炸。

把恶魔从湖底抽出来

　　那么，该如何避免基伍湖的燃烧，拯救湖边的众多生命呢？

　　唯一的办法就是抽取湖中的可燃气体。2001年，科学家在非洲三大杀人湖中的尼欧斯湖安装排气管，抽取深层湖水中含有的气体。这一行动让生活在基伍湖地区的人们看到了希望；但是，科学家仔细分析后发现，同样的处理办法在基伍湖实施起来困难重重。因为基伍湖的面积是尼欧斯湖的2000倍，利用排气管抽取湖水中的气体，不过是杯水车薪，显然不太现实。

　　为了排除隐患，卢旺达政府随后与某国际组织签署了一份高达8000万美元的合约，抽取基伍湖中的甲烷。这份合约实施后，人们开

始采取一种便捷的办法为"火药桶"减压，即将管道伸向湖底，将富含气体的水抽出并喷向高空；水压减低后，气体的溶解度便缓缓降低，溶解在水中的甲烷、硫化氢、二氧化碳等气体随即冒泡溢出。

卢旺达政府还计划将这些抽取出来的甲烷作为一种便宜的能源提供给本国和邻国使用，卢旺达的能源产量还会因此提高。

为了更有效地阻止基伍湖里的甲烷燃烧，科学家们正在与时间赛跑，他们夜以继日地展开研究，期待能找到更好的解决办法。

基伍湖剪影

揭开黄土的秘密

　　提起陕西北部的地形，人们脑海中一定会浮现出千沟万壑的黄土高原；提起陕西北部的民居，人们一定会想起当地人依黄土而挖建的窑洞。其实，陕西北部只是黄土高原的一部分。黄土高原跨山西、陕西、甘肃、青海、宁夏回族自治区及河南等省（自治区），西南与中国最高

黄土高原

一级地形阶梯青藏高原相接，西北与蒙新高原为邻，南至秦岭，东以太行山为界，与中国第三级阶梯华北平原毗邻，面积约 62 万平方千米，海拔 800 ~ 3000 米。

黄土不是中国所特有的，在世界上其他地区也有分布。但是，中国的黄土最具典型性。中国的黄土分布最广，地层最全，厚度最大，而且有独一无二的黄土高原，黄土覆盖最厚的地区厚度可达 180 米。在这片区域内，有着中国五分之一的耕地面积，生活着 2 亿人，他们的衣食住行无不与黄土息息相关。那么，中国的黄土是怎么形成的？近代以来，随着地质科学的不断发展，人们对黄土成因的认识形成多种学说，最著名的是水成说、风成说、残积说、多成因说和新风成说。

水成说：水带来了黄土？

最早研究中国黄土的欧洲人是德国地质学家庞培利，他也是黄土成因湖积说的最早提出者。

　　1864 年，庞培利受清政府邀请，调查中国西北煤田。几年后，他任哈佛大学采矿学教授，并发表了在中国以及中亚考察的成果。他是水成说的先驱和代表人物，认为中国的黄土来自黄河携带的泥沙，后流入淡水湖泊，慢慢在湖泊中沉积形成。这个想法的提出，可能和他观察到黄河携带大量泥沙有关。但是，提出这个观点不久后，他自己认为这个提法不够详细准确，证据不足，改为中国黄土的形成与岩石风化有关。但无论如何，庞培利开了湖积说的先河。

　　金斯密尔是另一位研究中国黄土的欧洲学者，他认为中国黄土是因为海水作用而成，是海成说的代表人物。金斯密尔是英国地质学的先驱，曾在中国考察，业余时间还是一位多产的汉学家，曾经翻译过中国的《道德经》。在和英国著名博物学家赫胥黎讨论后，金斯密尔认为，中国黄土区域曾经是一片汪洋大海，黄土物质在海洋中不断沉积，后来在地质作用下逐渐隆起而成。金斯密尔曾在长江下游和大运河北段做过考察，也曾考察过山东和四川的煤矿，还在中国居住多年。或许通过对考察区域的了解，他提出了海成说的观点。但毕竟金斯密尔没有真正到过中国西部干旱半干旱的黄土高原地区，所以他的观点论据不够充分。

风成说：天上掉下的"尘"是黄土？

早在中国汉代，班固在《汉书》中就有对黄土的记载："大风从西北起，云气赤黄，四塞天下，终日夜下著地者黄土尘也。"从该段文字可以看出，天上掉下的"尘"是黄土，而且这种"尘"是由风从西北方向带来的。在至元二十四年（1287），中国史书记载了一次持续时间很长的尘暴天气，很多家畜被尘土所埋而死亡："雨土七昼夜，没死牛畜。雨土……深七八尺。"可以看出，中国古人已经意识到黄土和大风有着密不可分的关系。但是，真正把黄土的形成原因与风的作用科学地联系起来，是在近代科学产生之后。

1933 年，中国地质学会召开会议，纪念一位德国地质学家 100 周年诞辰。著名地质学家翁文灏在这次纪念会上说："今日中国学者所刊之报告中，往往不提李氏之名，此并非由于数典忘祖，实因李氏之功绩尽人皆知，自无庸屡屡提及。"翁文灏所提的这位名为李氏的德国人，就是李希霍芬。他是中国黄土风成说的最早提出者和代表性人物。

1860 年，李希霍芬应邀随同德国经济使团前往东亚考察，还于 1861 年到达上海，但是因为清政府的限制，他未能进行任何考察活动。

李希霍芬

早期所留下的背景资料不多，据知他可能在奥地利的提罗尔和罗马尼亚西部的德兰斯斐尼亚受教育；在 1860～1862 年，李希霍芬曾在亚洲的许多地方，例如锡兰、日本、中国、印尼、菲律宾、泰国和缅甸等地旅行。1863～1868 年，他在美国加利福尼亚州做了大量的地质勘查，他的研究间接导致了加州后来的淘金热潮。1868～1872 年，他转到中国做了 7 次远征，这段时期中，他正式地指出罗布泊的位置（新疆已干涸的咸水湖，旁边有古楼兰遗址）。

1868 年，李希霍芬再次来到中国，这一次他精心设计了 7 条考察路线，在 4 年时间内，考察了中国 18 个省区。他在考察过程中，记录了大量野外地质资料，采集了大量的化石、岩矿标本；绘制了考察地区的地形图、素描图、地质图和地层剖面图等。

李希霍芬在对华北、西北的调查中，提出了中国黄土成因风成说。李希霍芬认为，中国的黄土分布在半干燥的草原地带，有两个特点：一是和内陆水系的多荒漠盆地相邻，二是附近都有高山。黄土物质的来源，就是附近山地和岩石风化后的产物。搬运黄土的动力，首先是风，其次是流水。风化物质在风力作用下，被搬运到凹地草原上，草原上生长的植物将其固定下来，逐渐增厚，形成黄土，这种黄土是原生黄土；原生黄土经过流水再次搬运形成了次生黄土。

李希霍芬认为，当黄土沉积时，中国北方是一个复杂的草原盆地，边缘有高耸的岩石、裸露的山岭，气候寒冷而干燥，并且常常有频繁发生的猛烈大风，这些都利于黄土的形成。黄土的土层深厚，物质均一，不具层理，发育有垂直节理和钙质结核，这些成为风成说的有力证据。

李希霍芬经过实地考察，对黄土性质有一定了解，但是对黄土的复杂性了解不够，有些地方难免臆断。不过，在当时黄土资料缺乏的情况下，李希霍芬的学说得到了广泛的承认，流传许久。

残积说和多成因说

除了以上学说外，对黄土成因的认识还有残积说。苏联自然地理学家贝尔格（1875～1950）在 1916 年提出了黄土是风化作用和成土作用的产物。残积说与水成说、风成说最大的区别在于，该学说认为黄土是在原地生成的。贝尔格认为，黄土和黄土状岩石是在原地风化和成土作用下及干燥气候条件下生成的。1947 年，贝尔格又补充了他的黄土残积生成理论，认为黄土是在干燥地带，由富含碳酸盐的各种细粒的岩石经过风化作用和成土作用形成，经过冲刷作用的冰碛物也是形成黄土的母质。由于岩石发生破坏，孔隙度增大，同时加上生物的活动，孔隙度更增高，经过此地质作用形成黄土。

美国地质学家维理士和中国地质学家张宗祜都认为黄土的成因有很多种，提出了多成因说。1903 年，维理士对中国黄土进行了考察，并在回国后著有《中国的研究》一书，他认为中国的黄土粉尘物质是风成的，但是搬运这种粉尘的营力主要是河流和洪流，他的学说被称为风成－冲积说和风成－洪积说。张宗祜认为，中国的黄土是多种地质营力（包括残积作用、坡积作用、冲积作用、风积作用、冰川作用）作用堆积，并在相似的气候条件下，经过地质作用形成。它的物质来源于区内和邻近地区的早期堆积物和基岩风化碎屑物。

新风成说：最终揭开了黄土形成之谜

新风成说是目前最主流的黄土成因学说，得到了学界广泛的承认，它的提出，基本平息了 170 多年的黄土成因之争，最终揭开了黄土形成之谜。

中国地质学家、中国科学院院士刘东生（1917 ~ 2008）提出了黄土新风成说。这个学说是在吸收前人的风成说的基础上发展形成的。通过实地科学考察、采集样品在室内细致分析，刘东生得出结论：黄土是风成的，是西北地区戈壁、沙漠中的细粒物质被风吹到黄土高原堆积而成的。黄土和古土壤都是在风力作用下、气候环境变化的条件下形成的，它们形成时处于一种干旱的气候环境。

黄土新风成说在三方面突破了以前的学说。

第一，概念扩展。以前的风成说只强调黄土的搬运作用，新风成说则对黄土物质来源、搬运过程、搬运时的风力情况、沉积时候的环境面貌，以及沉积以后的变化等全过程进行了阐述，形成了一套完整的理论。

地质年代

　　地质年代是指地壳上不同时期的岩石和地层，在形成过程中的时间（年龄）和顺序。其中时间表述单位包括宙、代、纪、世、期、时，地层表述单位包括宇、界、系、统、阶、带。它包含两方面含义：一是指各地质事件发生的先后顺序，称为相对地质年代；二是指各地质事件发生的距今年龄，由于主要是运用同位素技术，称为同位素地质年龄（绝对地质年代）。这两方面结合，才构成对地质事件及地球、地壳演变时代的完整认识，地质年代表正是在此基础上建立起来的。20 世纪中叶，应该被认为是一个新的地质时代——人类世。

地质年代			开始时间距今
冥古宙			45.6 亿年
太古宙			40 亿年
元古宙			25 亿年
显生宙	古生代	寒武纪	5.41 亿年
		奥陶纪	4.87 亿年
		志留纪	4.43 亿年
		泥盆纪	4.15 亿年
		石炭纪	3.58 亿年
		二叠纪	2.98 亿年
	中生代	三叠纪	2.5 亿年
		侏罗纪	2.01 亿年
		白垩纪	1.45 亿年
	新生代	古近纪	6600 万年
		新近纪	2300 万年
		第四纪	250 万年

第二，时代延伸。过去的风成说认为，黄土高原顶部黄土沉积（又称马兰黄土）是风成的，刘东生则证明黄土高原整个第四纪（在地质年代中，第四纪是新生代最后一个纪，包括更新世和全新世，下限年代距今约250万年）的沉积都是黄土，将风成作用从黄土高原顶部（大约7万年）拓展到整个黄土序列（约250万年）。

第三，空间细分。约在11万年前至公元前9700年之间，第四纪更新世内发生了一次冰河时期，这是距今最近的冰期，被称为末次冰期。刘东生的研究发现，在末次冰期内生成的马兰黄土堆积厚度自西北向东南逐渐减小，而黄土厚度沿着冬季风方向（西北方向）逐渐变薄。除此之外，刘东生还发现，黄土的颗粒自西北向东南逐渐变细，并据此将黄土分为砂黄土、黄土和黏黄土3个带，黄土颗粒的组成向下风方向变细，这些均是黄土风力搬运的有力证据。

刘东生的研究结果说明，黄土沉积过程和我们现在看到的沙尘暴一样，是逐渐从沙漠里搬运出来，在黄土高原慢慢沉积下来的，也就是说黄土是几百万年来一次次沙尘暴的叠加，它的沉积过程同时记录了环境变化的信息。

新风成说不仅最终解决了黄土形成的难题，还从250万年的黄土沉积中获得数据，建立了完整的陆相古气候记录，为全球气候变化研究奠定了基础。

九寨沟的水哪儿去了？

　　九寨沟，位于四川省阿坝藏族羌族自治州境内，因沟内有 9 个藏族村寨而得名。景区四周峰簇峥嵘，雪峰高耸，118 个翡翠般的湖泊分布在青山环抱的"Y"字形山沟内，另有 17 个瀑布群、11 段激流、5 处钙化滩流相串相连，形成了中国唯一、世界罕见的自然景观。

　　水，是九寨沟风景的灵魂。这里的水清纯洁净、晶莹剔透、色彩丰富，堪称世界水景之王；但是，观测资料显示，自 20 世纪 80 年代以来，九寨沟景区湖泊的水位呈逐年下降趋势，尤其是近年来，水位下降更为明显。

　　九寨沟的水到哪里去了呢？中国气象局成都高原气象研究所和四川省气象局的专家经过一年多的研究，为人们揭开了九寨沟湖泊水位变"矮"之谜。

降水减少是主因

　　湖底出现裂缝，水渗漏了？人为扩大湖泊出水口，流出的水量比原来增多了？湖泊内的水蒸发加快，从而使水位降低？大气降水减少使得水位下降？这些都被认为是可能导致九寨沟湖泊水位下降的原因。

　　九寨沟的水主要由地表水和地下水组成。地表水来自四周高山上的积雪,积雪融化后形成涓涓细流,最后汇成溪水,源源不断地注入湖泊之中;地下水是地层渗出的水,在九寨沟的众多湖泊中,人们已发现了许多泉眼,这些泉眼日夜不停地往外渗水,成为湖泊水源的重要组成部分。

　　根据九寨沟的水系和水源特征,人们对景区湖泊水位的下降做出了4种猜想:

　　其一,地下水的渗漏。有人认为,很有可能是湖底的岩石结构出现了异常变化,比如出现了裂缝,水顺着裂缝渗走了。

　　其二,湖泊流出的水量增大。比如人为扩大了湖泊出水口,使得流出的水量比原来增多,导致了水位的下降。

　　其三,蒸发量加大。在全球气候变暖的影响下,由于温度升高,使得湖泊内的水加快蒸发,从而导致水位降低。

九寨沟

地下水

地下水是指赋存于地面以下岩石空隙中的水，狭义上是指地下水面以下饱和含水层中的水。在国家标准《水文地质术语》中，地下水是指埋藏在地表以下各种形式的重力水。国外学者认为地下水的定义有3种：一是指与地表水有显著区别的所有埋藏在地下的水，特指含水层中饱水带的那部分水；二是向下流动或渗透，使土壤和岩石饱和，并补给泉和井的水；三是在地下的岩石空洞里、在组成地壳物质的空隙中储存的水。地下水是水资源的重要组成部分，水量稳定，水质好，是农业灌溉、工矿和城市的重要水源之一。但在一定条件下，地下水的变化也会引起沼泽化、盐渍化、滑坡、地面沉降等不利自然现象。

其四，大气降水减少。由于雨雪补充不足，使得整个九寨沟的水资源日益匮乏，从而使湖泊内的水量随之减少，水位下降。

这4种说法似乎都有一定的道理，但哪一种说法更科学、合理呢？

对水位下降的4种设想，科学家们首先否定了第二种说法，因为九寨沟属于国家级风景名胜区，景区内的一草一木都是重点保护对象，人为扩大湖泊出水口的情况不可能发生，湖泊流出的水量不会因此增大。

至于地下水渗漏之说，科学家们经过实地勘察和研究，认为湖底的岩石结构非常稳固，不可能出现裂缝，地下水渗漏的可能性很小。

那么，会不会是蒸发的原因呢？在深入研究的基础上，科学家们对这个说法也予以了否定。因为，九寨沟地区的气温虽然在20年间升高了0.11℃，但这一变化微不足道，对水位构不成真正的威胁。

看来，引起九寨沟水量减少的原因只有一个，那就是大气降水的减少。

这种说法有何科学依据呢？

依据就是，九寨沟地区大气降水减少的同时，湖泊水位也出现了下降，两者呈正比例关系。

水循环

　　水循环是指地球上各种形态的水，在太阳辐射、地球引力等的作用下，通过水的蒸发、水汽输送、凝结降落、下渗和径流等环节，不断发生的周而复始的运动过程（水相不断转变的过程）。例如地面的水分被太阳蒸发成为空气中的水蒸气。而水在地球的状态包括固态、液态和气态。而地球中的水多数存在于大气层、地面、地底、湖泊、河流及海洋中。水会通过一些物理作用，例如：蒸发、降水、渗透、表面的流动和地底流动等，由一个地方移动到另一个地方。如水由河川流动至海洋。

　　大气降水，一部分在九寨沟四周的高山上形成积雪，融化的雪水形成九寨沟地面径流的源泉；另一部分降水则直接以雨水的形式落到地面，补充地面径流，或是渗入地下，形成丰富的地下水。因此，可以说大气降水是九寨沟水资源的根本保障。

　　近几十年来，九寨沟的大气降水正呈逐年减少趋势。

　　科学家们通过对九寨沟地区 1959～2002 年的气象观测资料进行分析后发现，40 多年来，该地区的大气降水呈减少趋势，而与之对应的是，九寨沟景区湖泊的水位也出现了下降，两者呈现正比例关系；尤其是在降水减少最多的 7 月，景区湖泊出现了不可思议的低水位现象。

　　据此，科学家们认定，大气降水的减少正是九寨沟景区水量减少的直接原因。

大气降水为什么少了

　　那么，是什么原因导致了九寨沟上空的大气降水减少呢？专家认为有以下 3 个原因。

　　原因一：夏季风异常变化，使得南来水汽向北输送减弱，从而造成了景区水汽不足。

　　中国气象局成都高原气象研究所和四川省气象局的专家们通过对九寨沟、黄龙地区多年的气象观测资料进行分析研究后发现，导致该地区大气降水减少的罪魁祸首是夏季风。

　　夏季风，来自广阔无垠的洋面，它就像一台巨大的水泵，把水汽源源不断地从海洋输送到陆地。九寨沟、黄龙地区地处内陆，低层的气流难以直接到达，因此水汽输送主要依靠夏季风的巨大动力。冬春季节，该地区的水汽主要来源于中纬度偏西风水汽输送；夏秋季节，则主要来源于孟加拉湾、南海和西太平洋地区。专家指出，近几十年来，夏季风发生了异常变化，它吹向内陆的北界时出现了偏差，使得南来水汽向北输送减弱，从而造成了九寨沟、黄龙地区水汽不足，大气降水因此减少。

　　但降水减少仅仅是这一原因造成的吗？

　　原因二：大气环流在景区形成了一座隆起的"高地"，冷空气被迫绕道而行。

　　我们知道，大气降水的产生离不开冷暖空气的交汇，暖湿空气如果没有冷空气的刺激，一般不会产生降水。因此从某种意义上说，来自北方的冷空气犹如降水产生的"发动机"，它的频频南下是九寨沟、黄龙地区降水的重要因素。

　　过去，北方冷空气长驱直入，年年如约而来，在九寨沟、黄龙地区与暖湿空气融合，降下大量雨雪；但是近几十年来，在巴尔喀什湖以东到贝加尔湖以南一线的高空环流发生了显著变化，特别是在九寨沟、黄龙地区急需降水的 7 月，大气环流在此形成了一座隆起的"高地"，冷空气往往被迫绕道而行，从而使得到达当地的冷空气势力十分薄弱，无力与暖湿空气抗衡，因而难以成云致雨。

除了气候变化影响，人类活动对这里降水的减少有没有直接关系呢？

原因三：人类过度用水。

20 世纪 80 年代是九寨沟、黄龙景区及邻近地区气候发生显著变化、降水减少的重要时期，这一时期也正是人们大量涌入景区的开始。因此，可以说在全球气候变暖的背景下，人类活动的影响干扰了九寨沟、黄龙的局地气候，加剧了区域气候的变化，所以人类活动对该地区的降水减少有着不可推卸的责任。

此外，周边生态环境的恶化也对九寨沟和黄龙地区的气候变化产生了影响。

与这里直线距离不足 200 千米的若尔盖、红原是川西北最大的湿地。湿地对维持一定区域内的生态系统平衡具有重要作用。然而，自 20 世纪 80 年代以来，一方面，受全球气候变暖、持续干旱等自然因素的影响；另一方面，由于过度放牧、在草地上滥采滥挖、过度用水等人为因素，湿地退化、草地沙化现象较为严重，这些对九寨沟、黄龙地区的气候变化影响不小。

让生命之水恢复如初

有专家预言，如果再不采取切实有效的措施补救气候变化带来的影响，九寨沟、黄龙地区的水资源还将继续减少下去，总有一天，美丽的人间天堂将一去不复返。为此，研究人员建议采取以下措施应对九寨沟和黄龙地区的水危机。

地理信息系统

地理信息系统是一种特定的十分重要的空间信息系统。它是在计算机硬、软件系统支持下，对整个或部分地球表层（包括大气层）空间中的有关地理分布数据进行采集、储存、管理、运算、分析、显示和描述的技术系统。英文简称为 GIS（Geographic Information System）。

措施一：借助催化剂实施人工降水。

气象专家提出，解决水资源减少最直接、最有效的方式，可通过人力行为，借助碘化银、液氮等催化剂，改变空中云的物理结构，使之尽可能多地降水，从而达到增加该地区大气降水的目的。近年来，阿坝州和九寨沟县、松潘县的气象人员一直试图通过人工降水的方式来增加九寨沟和黄龙地区的大气降水。他们借助高炮、车载火箭等增雨设备，每年都在这里实施人工增雨作业。

措施二：建立常年人工增雨（雪）作业管理机制和业务体系。

措施三：建立水资源变化监测系统。

人工增雨虽对改善当地降水情况有所帮助，不过人工增雨只能缓解一时的水资源短缺，要想"治本"，还必须在九寨沟、黄龙景区建立水资源变化监测系统，为科学研究保护措施提供观测资料。

专家指出，应在景区建立全方位的监测系统：一是对空中水资源进行监测，掌握空中水资源的变化情况，主要采用飞机装载监测设备，对空中水汽情况进行监测，或是采用 GPS 水汽观测站和红外线观测设备，在地面建立对空中水资源的观测。二是建立地面水资源观测体系，随时掌握和了解地面水资源的变化，主要是在景区内建立多个地面自动气象观测站，全面收集降水、温度、风向风速等资料，同时建立水位、流量、径流、雪线观测站，对地面水资源情况进行实时监测。三是建立卫星遥感监测，借助卫星的"千里眼"，与地理信息系统相结合，对景区水资源实施空中监控。目前，四川省气象局卫星遥感监测设备比较完善，已可以开展景区旅游水资源定点监测的应用研究。

除了利用科学利剑遏制气候变化带来的影响之外，加强景区生态环境保护也是一个重要的环节。通过封山育林、人工造林、改良草场、退牧还草、控制游客数量等措施，整治和保护生态环境，恢复景区的局地小气候已迫在眉睫。

希望在人们的积极努力下，九寨沟、黄龙潺潺流动的生命之水能够恢复如初，"人间天堂"重新焕发出青春活力。

科学之眼看 "五岳"

我们中华民族自古热爱养育自己的大地，崇敬大自然（特别是喜爱大川名山），早就创立了善待自然、"天人合一"的正确哲学观，也早就把融雄伟壮丽的自然风光与历史悠久的人文景观于一体的天下名山之首——"五岳"，尊为民族的精神象征和华夏文化的缩影。

"五岳"是东岳泰山、西岳华山、南岳衡山、北岳恒山和中岳嵩山的总称。随着社会进步和科学发展，特别是经过地质学家多年的辛勤探索与研究，现已进一步认识到，除了雄伟壮丽的自然风光和历史悠久的人文景观之外，"五岳"也拥有丰富的科学内涵，它们是各有千秋的"自然博物馆"。

泰山为何是"五岳"之首

位于山东省泰安市境内的泰山，是一座天然的山岳公园。主峰玉皇顶海拔 1545 米，围绕主峰的知名山峰有 12 座，崖岭、溪谷、名洞、名泉、瀑潭、奇石应有尽有，构成了群峰共峙、山水相连、气势恢宏、总面积达 400 余平方千米的泰山山系。

泰山于 1987 年作为世界文化与自然双重遗产被列入《世界遗产名

录》，成为中国第一个世界文化与自然双重遗产，然而又有多少人真正知晓"五岳至尊"的科学内涵呢？

　　直到 2006 年，当泰山在第二届世界地质公园大会上被评为"世界地质公园"时，这座经过 20 多亿年沧桑巨变，多次隆起、沉降、于 1 亿年前形成雏形、3000 万年前基本"出落"成今日雄姿的古老名山，才终于在世界范围内确定了它在地学界应有的高度，当之无愧地荣获"三重世界遗产"（世界自然遗产、世界文化遗产和世界地质公园）的桂冠。

　　地质学家考察后发现，构成泰山主体的岩石是泰山群变质岩，它是世界上最古老的岩石之一。泰山是中国最古老的地层所在地，或者说，是构成中国大陆的核心部分之一，属于地球历史早期的太古宙和元古宙的产物。

　　除了古老以外，泰山在地质学上还有两大特色：一是中国目前唯一发现有超基性喷出岩（科马提岩）的地区；二是泰山不仅拥有巨量的古老花岗岩，而且保存了良好和原始的多期次侵入关系（地下岩浆上升至距地表一定深度但未达地表，便叫"侵入"，由其冷凝后形成的岩石叫"侵入岩"。花岗岩就是典型的侵入岩），这实属举世罕见。它的重要科学意义在于给研究地球早期历史提供了重要信息与物质基础。

科马提岩是地幔高度部分熔融的产物，于 1969 年首次被发现于南非的科马提河流域，故而被命名为"科马提岩"，是地球早期富镁原始岩浆的代表，为一种富含高铁镁等多种金属元素的超基性熔岩，其化学成分的一大特点是二氧化硅含量小于 45%。

近东西向的中天门大断裂，使泰山主峰的南部边缘形成了一处处壁立如削的花岗岩大断崖。其中著名的有唐摩崖、舍身崖等。可以说是各类地质作用造就了泰山的峻奇雄伟。

古老至尊的极顶岩，是泰山群变质岩的老大哥——太古宙泰山期花岗闪长岩，根据同位素年龄测定结果，年龄已有 26 亿～ 27 亿岁，在地质科学上具有重要的研究价值。

岌岌可危的拱北石，也属泰山期花岗闪长岩。因其上有石英脉与该石共生，而且脉体垂直于石身，因此，拦腰断裂相当容易。

位于瞻鲁台西南侧、舍身崖西南端的仙人桥，在两崖之中，由三节花岗岩巨石由左及右错衔叠加巧接而成。这里的两岸悬崖是抗风化能力特强的坚硬花岗岩，岩石中有发育的垂直裂纹（节理）和水平裂纹（节理），两崖之间则是极易风化的斜长角闪岩（区域变质作用形成的一种变质岩，主要由普通角闪石和斜长石组成）。它经年久风化剥蚀后成为深沟，在构造运动影响下，当崖壁两侧（亦可能是一侧）花岗岩由于重力作用崩塌时，鬼使神差般地使三块巨石抵撑相接，成了"桥"的形态，这是名副其实的"天工巧成"，举世无双。

此外，泰山还有其他地质景观，如桶状构造的"醉心石"、典型的冰川地貌、壮观的"石海"、神奇美妙的各种泰山石等，真是数不胜数。

冰川造就华山

华山之秀丽险峻，当属"五岳"之首。正可谓"卓杰三峰出，高奇四岳无。"包括华山在内的国内诸多名山，如泰山、黄山、天柱山、九

华山

华山等，多由花岗岩或片麻岩组成，这些岩石的共同特性是质地坚硬，善抗风化侵蚀，因此可形成高山。

这本不足为奇。华山之最奇处乃在山顶五峰，环峙如盆，恰似莲花之五瓣，而五峰外侧，皆为深渊绝壁。登顶仅有苍龙岭一道。古语说"自古华山一条路"，绝非言过其实。对此奇特之地形，一般游客虽称奇而不得其解；但在地质学家眼中，则"一目了然"：这是由不同构造时期的不同地质作用造成的结果。

我们的地球母亲，从诞生至今已有46亿年历史。其最新的一个地质时代，从距今约300万年前开始，称"第四纪"。从第四纪开始至今，地球由于气候的变化，至少已经历过3次寒冷的冰期。李四光等地学老前辈的研究结果表明，中国在第四纪后期，至少有3次冰川时期，最后

势能与动能

势能是储存于一个系统内的能量，也可以释放或者转化为其他形式的能量。势能是状态量，又称作位能。势能不属于单独物体，而是由相互作用的物体所共有。其中重力势能是物体因为重力作用而拥有的能量。

动能是物体由于做机械运动而具有的能。物体的动能和势能之和称为物体的机械能，只有重力（或弹簧弹力）做功的情形下，物体的重力势能（或弹性势能）和动能发生相互转化，但总机械能保持不变。

一期距今不过 1 万余年。在此期间，就和今日之南、北极地区一样，冰雪覆盖了中国华北和长江流域的大部分地区。而包括华山在内的秦岭地区，至少经历过 2 次以上的冰川作用，是冰川作用造就了华山的特殊地形。五峰环峙，状若莲瓣之奇观，正说明这里原来是一个大规模的冰围地，即冰川源区。冰雪在此聚积、压实后，再形成冰川向低处流动。

常言说，水滴石穿。有庞大体积、重量并夹带着大量漂砾、碎石的冰川，其势能和流动时的动能更是不可估量。任何坚硬的岩石，也经不住冰川在流动过程中的刨蚀，再加上花岗岩本身富有垂直节理，在造山运动过程中、在冰川剥击和风化作用下，华山遂削切剥落成许多像西峰那样的万仞峭壁。

流水切割岩层是"软刀子"，所形成的山谷多呈"V"字形。而冰川是"硬刀子"，所以切割出的山谷多呈"U"字形，而且因为主冰川能量大，下切速度快，次冰川能量小，下切速度慢，所以在主谷与次谷之间，往往形成悬谷，并因此生出了许多美丽壮观的瀑布。南峰绝顶上的"天池"也是由冰川刨蚀而成。不仅华山，秦岭山脉之终南山、太白山等山顶，亦有天池，其成因与华山同出一辙。在华山景区内，还有冰川形成的冰臼、冰窖、角峰、刃脊、冰川刻槽等景观。"听景不如观景"，爱好大自然的朋友，特别是喜爱欣赏冰川地貌雄姿的朋友,不可不游华山。华山峻峭秀丽之美景,绝不亚于以冰川地貌闻名于世的美国优山美地国家公园和新西兰南岛的米尔福德峡湾地区。不仅如此,若论文化积淀、人文景观,上述两个国外景区更无法与华山相比。

"南岳"矿产冠"五岳"

衡山山脉位于湖南省中部,北起长沙市岳麓山,南至衡阳市回雁峰,逶迤盘旋近 400 千米。主峰祝融峰,位于衡山市境内,海拔 1300 米,虽为五岳之最低者,但因属冷空气下降区,一年之中,云封雾锁达 250 天以上,难见其真面目,自然亦给人带来神秘之感。古人有诗云:"山下三日晴,山上三日雨,不见祝融峰,还沂潇湘去。"衡山雨水充沛的特点,既造就了水帘洞等著名景观,又成就了其独特的小气候环境,

衡山

夏季不热，冬天不冷。"南岳"的矿产资源之丰富在"五岳"中是首屈一指的。衡山的主体由耐风化的花岗岩组成。花岗岩本身是坚固的建筑材料，湖南的优质花岗岩远销港、澳等地。伴随花岗岩侵入活动所衍生的多种矿产也相当有名。衡山周边有钨矿、铅锌矿、金矿、铌钽铍矿等贵金属、黑色金属、有色金属及稀有金属矿产。在衡山西侧，还有长达26千米的优质钠长石矿化带，质量好，分布连续，是上等的玻璃原料，储量超过千万吨，数全国第一。由地表浅部钠长石风化而形成的高岭土，是优质的瓷土，它是极受国内外高档瓷器生产厂家欢迎的紧俏矿物原料。

"天下之脊"在恒山

横亘山西北部的恒山，东起广灵，与太行山北端相接，西至雁门关，与吕梁山北段相连，东西长达150千米以上，南北宽超过20千米。主峰九峰岭，海拔2016米，位于山西省浑源县城之南约6千米。恒山是华北地台上最古老的陆块之一，由地质上称为恒山群和阜平群的太古宙地层组成，岩石以古老的变质岩、石英岩、石英片岩等为主，成岩年龄超过25亿年，号称"天下之脊，万山之宗"。恒山的北坡下，即是桑干河谷，高差在1500米以上，壁陡川深，易守难攻。这条山脉自然成了古代中原帝国的北部边疆。历史上，恒山为兵家必争之地，无数悲壮的战争故事在此发生，其中也包括抗日战争初期的平型关战役。位于恒山半山腰的玄武井，是游人必到之处。该井古已有之，明人即有诗曰："山腰又涌碧瑶泉，甘苦平分别有天。闻说应龙频洒泽，为霖济旱不知年。"井有两口，南北并列，相距约1米。令人称奇又不解的是：两口井虽相距如此之近，水质却大不相同。北井水甘如泉露，南井水却苦涩难饮，故又称甜苦井。当地道人编了神话，说恒山下有深海，海内有一龙一蟒，甜苦井水是分别从龙、蟒口中吐出来的等。后经地质学家实地调查，方才真相大白。原来，南北两口井虽相距很近，但其间有未遭破坏的石英岩隔水层相隔，北井中是未受污染的纯净裂隙水，南井水却与百米外的一条中低温热液多金属硫化物矿化带相通，水质遭到了一定程度污染。如今，为防止地下水污染扩大，苦井已被封填，仍留甜井供游人食用。每年四月初八庙会，山上游人成千上万，可井水仍取之不尽。虽是小小一口井，科学道理在其中。

岩石的种类

岩石按其成因主要分为火成岩（岩浆岩）、沉积岩和变质岩三大类。整个地壳中，火成岩大约占95%，沉积岩只有不足5%，变质岩最少。不过在不同的圈层，三种岩石的分布比例相差很大。地表的岩石中有75%是沉积岩，火成岩只有25%。距地表越深，则火成岩和变质岩越多。地壳深部和上地幔，主要由火成岩和变质岩构成。火成岩占整个地壳体积的64.7%，变质岩占27.4%，沉积岩占7.9%。其中玄武岩和辉长岩又占全部火成岩的65.7%，花岗岩和其他浅色岩约占34%。这三种岩石之间的区别不是绝对的。随着构成矿物的变化，它们的性质也会发生变化。随着时间和环境的变迁，它们会转变为另外一种性质的岩石。因而有人认为这种分类法较为武断。

沉积岩、火成岩与变质岩

"五世同堂" 的嵩山

　　"嵩高峻极，峻极于天"的中岳嵩山，位于河南省腹地的伏牛山脉北端。"九省通衢"的河南省是中国中原大省，地处河南的嵩山自然也非"中岳"莫属。嵩山主体在登封市境内，东西走向，由太室山与少室山组成，绵延60余千米。闻名天下的佛教圣地、禅宗祖庭少林寺，就位于少室山五乳峰下。"五岳"之中，除泰山外，人文底蕴最丰厚者即属嵩山。

　　另一方面，地质学家将地球的演化历史划分为冥古宙、太古宙、元古宙、显生宙（古生代、中生代和新生代）。这些时代不是随便划分出

徐霞客

　　徐霞客（1587～1641），名弘祖，字振声，又字振之，号霞客。南直隶江阴（今江苏省江阴市）人，明代地理学家、旅行家、探险家、文学家。徐霞客自幼好学，饱读诗书，对图经地志尤为衷情。十五岁时参加童子试，未能考上。父亲去世后，徐霞客便在家中种田侍奉母亲。万历三十六年（1608），二十二岁的徐霞客正式出游，此后三十余年，遍览祖国的山河，最后于崇祯十四年（1641）病逝，终年五十四岁。徐霞客遗作经好友季会明等整理成书，名为《徐霞客游记》。徐霞客在地质学等方面取得了超越前人的成就，成为世界上对地质地貌进行科学考察的先驱。

来的，而是要运用大地构造学、地层学、古生物学、同位素年代学等多学科的科学手段来综合确定。嵩山在科学上最重要的价值，就在于它不仅是由地球诞生早期形成的岩石所构成，而且这些岩石还保留了地球演化过程中的大量原始信息。这些原始信息为人类了解地球发展的历史、准确划分地质时代提供了可靠证据。在嵩山南麓，稍有地质常识的游客便可发现，在深灰色的变质杂岩（地质上称登封群）和灰白色的石英岩（地质上称嵩山群）之间，有一条弯曲起伏的明显界线。界线下的变质杂岩经历了复杂而强烈的构造变动，而石英岩是由浅海环境下的沉积物成岩后再变质而成的，两者代表了完全不同的成岩时代和构造环境。在通过各种手段综合研究后，中国著名的地质学老前辈张伯声教授确定地球的这场构造变动发生在 25 亿年以前，并将这次构造运动命名为"嵩阳运动"，它标志着地球太古宙历史的结束和元古宙的开始。从 20 世纪50 年代至今，地质学家们仅在嵩山一地，就发现了被分别命名为"嵩阳""中岳""少林"等地壳运动时期的运动面。它们涵盖了地球大约近40 亿年间的构造运动历史。这不仅在中国绝无仅有，在世界上也属罕见。因此，对研究地球发展史的科学家而言，嵩山是真正难得的"神圣殿堂"。

　　明朝的地理学家徐霞客曾发出"五岳归来不看山"的感叹。我们在欣赏"五岳"美景的同时，还应该多了解一些科学知识和历史知识，增加对这些珍贵的"自然及历史博物馆"的了解。

玫瑰湖
——一个粉红色之谜

粉红色是一种温馨、浪漫的颜色，它让人的内心充满安宁和幸福。大自然中，有一个湖泊就具有这种美丽的色调，它可以说是上帝赠给人类的最好礼物。

这个粉红色的湖泊，就是非洲塞内加尔的玫瑰湖。

碧蓝黄沙一抹红

玫瑰湖，又叫雷特巴湖，当地人称为"粉红湖"。因为这里曾经是法国人的殖民地，法国人管它叫"Lac Rose"（意思是玫瑰湖），于是，"玫瑰湖"便成为它的正式名称。

玫瑰湖位于非洲大陆最西端——塞内加尔的佛得角，距该国首都达喀尔仅35千米。佛得角的地形十分奇特，它像一把尖钩，从非洲大陆伸向浩瀚无际的大西洋；也就是说，佛得角的一面是漫漫黄沙，另一面却是碧蓝广阔的海洋。玫瑰湖，这个佛得角上的美丽瑰宝，就安卧在与大洋一线之隔的沙丘旁。

好了，下面我们就乘坐直升机从达喀尔出发，看看这个粉红色的湖泊吧。

沿途之上，落入眼中的除了沙丘，还是沙丘。塞内加尔这个位于撒哈拉沙漠边缘的国家气候干燥，降雨量偏少，所以，落入眼中的风景只有满眼黄沙。10多分钟后，直升机来到了目的地上空。从空中俯瞰，一个与之前截然不同的世界出现在眼前：碧蓝色的大西洋近在咫尺，大海边上的金色沙漠之中，静卧着一个粉红色的椭圆形湖泊。在阳光的照耀下，粉红色的湖水看上去温馨而宁静，给人一种极其浪漫的感觉。那种不可思议的色彩，让人感觉仿佛来到了一个梦幻中的童话世界。

湖泊与大海的距离如此之近，它们之间的距离只有几百米远，一道细细的金色沙滩分隔了二者，一边是碧蓝色的海水，另一边却是粉红色的湖水。海与湖都镶嵌着银白色的花边，仿佛是裙裾上的美丽镶边——海岸上翻滚的是白色浪花，湖边则是结晶出来的白色盐晶，海与湖的色彩搭配是如此完美而和谐，让人不得不感叹大自然是一个绝顶的丹青高手。

西非之角 "小死海"

玫瑰湖的面积只有3平方千米左右。来到这里，你会发现，在这片粉红色的湖水中，当地人正有条不紊地忙碌着：湖面上，赤裸着上身、皮肤黝黑发亮的男子驾着小船打捞着什么；湖岸上的成片白色盐丘旁，身着艳丽衣裙的女子正在翻晒盐粒。更令人感到惊讶的是，一些外地游客竟然躺在湖面上，一边享受日光浴，一边轻松地聊天，他们的表情看上去是那么愉悦而舒适。

这是怎么回事，难道玫瑰湖也有死海的功能吗？是的，玫瑰湖实际上是一个盐水湖，每升湖水中含80～300克盐。由于湖水的含盐量丝毫不亚于死海，所以，平躺在玫瑰湖上的人也是不会沉下去的。不过，与宽阔的死海相比，玫瑰湖的"身材"便显得苗条多了。

高盐度的湖水不仅给游客带来了惊喜和浪漫，也给当地人创造了财富。由于这里气候干燥，四周都是沙丘和岩石，当地人只能依靠湖里的盐水谋生：每天，男人们吃过早饭，便相约来到湖边，他们站在齐腰深的湖水里，用一种特制的过滤工具捞盐；他们的妻子则在岸边负责晒盐，或是划着小船，把提炼好的盐运到岸边出售。据统计，玫瑰湖每年可向塞内加尔国内和国际市场提供上千吨富含多种微量元素的湖盐。

微量元素

微量元素约有70种，指的是在人体中含量占人体质量0.005%～0.01%的元素，包括铁、铜、锰、锌、钴、钼、铬、镍、钒、氟、硒、碘、硅、锡等。微量元素在人体内含量虽极其微少，但具有强大的生物化学功能。

死海

　　死海（The Dead Sea）位于以色列、巴勒斯坦、约旦交界，是世界上最低的湖泊，湖面海拔−430.5米，湖最深处湖床海拔−800.112米。死海也是地球上盐分居第三位的水体，南北长86千米，东西宽5到16千米不等，最深处为380.29米。死海的湖岸是地球上已露出陆地的最低点，有"世界的肚脐"之称。远远望去，死海形似一条双尾鱼。在阳光的照射下，像一面古老的铜镜。

　　死海中含有高浓度的盐分，为一般海水的8.6倍，致使水中没有生物存活，甚至连死海沿岸的陆地上也很少有除水草外的生物。这也是人们给它起名叫死海的原因之一。

　　但是，死海正在消失。据世界环境保护组织的相关数据，死海水位正以每年3.3英尺（约1米）的速度下降。水量不断减少，也使得死海的盐浓度变得更高。

一年一度大"相亲"

玫瑰湖水的粉红色一直吸引着好奇的人们，每年到这里旅游的人络绎不绝。不过，如果来的季节不恰当，玫瑰湖也许会让你感到很失望，因为你可能见不到粉红色的湖水。这是为什么呢？

原来，玫瑰湖水并不是一年四季都呈现粉红色的，很多时候，它的湖水也和一般的湖水颜色差不多，只是在每年的12月至次年的1月，湖水才会变成玫瑰色。这时的玫瑰湖犹如一个即将出阁的少女，披上了粉红色的嫁衣，成为美艳绝伦的新娘。清晨时分荡舟湖上，只见湖水如玫瑰花般粉红鲜艳，微风拂过，湖面上波翻浪卷，粉红色的波浪如同一片火焰在燃烧，看上去十分壮观。下午，阳光的热力增强，火辣辣地照射着湖面；这时，湖水由粉红色慢慢变成了紫红色，仿佛是欢迎勇士胜利归来。

玫瑰湖的水为何能变色呢？

专家们经过勘察发现，原来，湖水中生活着一种叫"嗜极菌"的微生物。这种微生物不仅能够在各种极端恶劣的环境下生存，而且它们都有一个特性——嗜盐。

这些微生物在玫瑰湖中旺盛生长。每年12月到次年1月，当从东面来的干热风吹起之际，一些矿物质被刮到湖里，于是，这些微生物便迎来了一年一度的盛会——繁殖。在阳光的照射下，这些微小的生物浮到湖面上集体"相亲"，随后便是"生儿育女"，从而使得湖面呈现鲜艳的粉红色。阳光越强，"嗜极菌"聚集得越多，湖水便由粉红色变成了紫红色。当干热风停止，矿物质不再被吹落到湖中时，这些微生物便结束繁殖，沉到湖底。于是，湖水又恢复了正常的颜色。

天上掉下"林妹妹"

由于玫瑰湖四周被沙丘和岩石包围着，没有水源与外界相通，这些矿物质难道真是天上掉下来的吗？促使微生物"生儿育女"的矿物质是什么？它们来自哪里？

据考察，数千年前，与塞内加尔相隔数千千米的乍得曾经存在过一个大湖，它的面积与北美洲五大湖之一的伊利湖差不多。后来，由于气候恶化，这个大湖不断干涸萎缩；最后，湖水全部消失殆尽，湖床裸露后变成了波德拉凹地，凹地上面沉积着一层厚厚的硅藻遗骸；在烈日暴晒下，这些硅藻遗骸变成了富含矿物质的硅沙粒。

硅藻

硅藻是一类具有色素体的单细胞植物，在食物链中属于生产者，常由几个或很多细胞个体连结成各式各样的群体。硅藻的形态多种多样，但细胞外都覆盖硅质（主要是二氧化硅）的细胞壁。细胞壁的纹理和形态各异，但多呈对称排列。不过这种对称并不是完全的对称，因为硅藻细胞壁的一侧比另一侧略大一点，这样才能嵌合在一起。盒面和盒底分别叫作上、下壳面，壳面弯伸部分叫作壳套，上下壳套向中间伸展部分叫作相连带。硅藻常用一分为二的繁殖方法产生。分裂之后，在原来的壳里各产生一个新的下壳。化石遗迹显示，硅藻最迟起源于早侏罗纪时期。硅藻一直以来是一种重要的环境监测指示物种，常被用于水质研究，此外也是近海的优势类群。

　　每年12月到次年1月，沙漠地区迎来了可怕的旱季。此时，撒哈拉大沙漠中刮起干热风，卷起波德拉凹地上的沙粒，形成沙暴。这些硅沙粒随风暴一起，以每小时近50千米的速度，越过提贝斯提山脉和恩内迪山脉形成的沙漠走廊，撒落在塞内加尔的佛得角。玫瑰湖也迎来了这些远方的客人。

　　天上掉下的"林妹妹"，使得湖中的微生物们"春心"萌动，从而引发了一场繁殖的高潮，催开了大西洋畔的粉红"玫瑰"。

　　不过，硅沙粒为什么能催发玫瑰湖微生物的繁殖，至今仍是一个未解之谜。

神秘的 "撒哈拉之眼"

世界最大的沙漠在哪里？你可能会毫不犹豫地回答：非洲的撒哈拉。没错，这片横贯非洲北部大陆的沙漠实在太大了。可你知道吗，在这片渺无人烟的大荒漠里，隐藏着许多人类未知的秘密，其中，被称为撒哈拉 "眼睛" 的一处圆形地貌更是充满了神秘和诡异的色彩。

这处圆形地貌是如何形成的？它为什么被称为撒哈拉的 "眼睛" 呢？

宇航员的发现

黄沙漫漫，无边无际，人类进入其中，仿佛沧海一粟，这便是世界上面积最大的沙漠——撒哈拉大沙漠，它东西长 5600 千米，南北宽约 1600 千米，总面积约 906.5 万平方千米，约占非洲总面积的 32%。这个巨大的"沙坑"可以绰绰有余地装下整个美国本土。

20 世纪 60 年代初，美国一艘宇宙飞船在太空遨游。当飞船经过非洲上空时，宇航员在远离地球几百千米的太空，观察到了一个奇怪的现象：在撒哈拉沙漠西南部出现了一个圆形的东西，它像一只睁得圆溜溜的眼睛，目不转睛地注视着太空中的人们。撒哈拉沙漠从眼前消逝后，宇航员仍感到那只"眼睛"紧紧盯着他们的后背，有如芒刺在背。

这只"眼睛"就是被人们称为"撒哈拉之眼"的奇异地貌。其实，很早以前，它就已经出现在撒哈拉沙漠西部，并在荒凉、枯寂里沉睡了若干年。如果不是宇航员在太空中"唤醒"了它，它可能还会继续沉睡下去。

巨大的同心圆

这只"眼睛"位于撒哈拉西南部的毛里塔尼亚境内，是一个出现在沙漠地面上的巨大同心圆。它的外形从空中看起来酷似圆睁的眼睛，其海拔在 400 米左右。过去，这里荒无人烟，即使偶然有人经过，也是"不识庐山真面目，只缘身在此山中"。因为"同心圆"如此之大，其直径有 50 千米左右，置身其中，你根本不知道它是圆是方，只有太空中的宇航员或者天上的人造卫星，才能一览全貌。

这个"同心圆"实在太像一只眼睛了，或者说，它像一个菊石。从

"撒哈拉之眼"

卫星拍摄的照片来看，它一共分为3层：最中心一个圆圈很像一只眼珠，它的一侧边缘稍有破损，但并不妨碍其整体效果；"眼珠"的外围是一个更大一些的圆圈，它把中心的圆圈紧紧包围起来，无可争议地成了"眼瞳"；最外围的大圆圈自然便是"眼睑"了。更绝的是，大圈的外沿还有丝丝缕缕的环状物，仿佛眼睫毛一般。

"撒哈拉之眼"的内部十分平坦，四周则是一些浅山丘，再远处便是漫漫黄沙了。站在"眼睛"边上观察，"撒哈拉之眼"犹如山岩雕琢而成的大木盆，又像一只巨大的碟子。人走在"眼睛"边缘，宛如一只在巨大的蓝色圆盘上行走的小蚂蚁。

那么，这处奇怪的地貌是如何形成的呢？

陨石撞击形成的大坑？

自从"撒哈拉之眼"被宇航员发现之后，到这里考察的人络绎不绝，科学家们都试图揭开这处神秘地貌的成因。

最初，科学家认为，这是一个由陨石撞击形成的陨石坑。因为在撒哈拉沙漠里，有人曾经发现过一个宽达45米、最深处距离地面16米的巨大陨石坑。据估测，撞击地球的陨石重5000～10000千克，坠落的速度超过了3500米/秒。"撒哈拉之眼"虽然深度较浅，但在地面上的痕迹十分明显。据分析，能在地球上留下直径达50千米"圆圈"的，只有天外来客——陨石才能做到。这块陨石在撞击地球时，表面最大的一边先接触地面，由此形成直径很大的坑，但坑并不深。

不过，科学家在进一步考察后发现，陨石撞击之说并不成立。因为"圆圈"中心的地势太平坦了，而且地面上并没有高温和撞击过的地质证据。

火山喷发形成的火山口？

那么，会不会是火山喷发形成的呢？

火山喷发时，由于大量岩溶物质被喷出，往往会在喷发中心形成圆形或椭圆形的火山口。世界上最大的火山口位于日本阿苏山，它南北长24千米，东西宽18千米，面积达250平方千米，形成于距今3.3万年前一次剧烈的火山喷发。有人推测，"撒哈拉之眼"可能与阿苏山火山口类似，是由于一次剧烈的火山喷发形成的。

可是，科学家在分析火山成因时发现，这种推测站不住脚。因为，地球上的火山一般都出现在地壳（包括洋壳）开裂处和板块俯冲地带；而"撒哈拉之眼"所处的地方属于大沙漠的一部分，这里既不是地壳开裂处，又非板块俯冲地带，因而不具备火山喷发的条件。

科学家们进一步考察后还发现，这里既没有火山喷发的痕迹，当地的岩石又都不是火山岩，更主要的是，这里没有火成岩堆积的圆顶。

火成岩

岩浆岩的别名。岩浆岩是由岩浆喷出地表或侵入地壳冷却凝固所形成的岩石，有明显的矿物晶体颗粒或气孔，约占地壳总体积的65%，总质量的95%。岩浆是在地壳深处或上地幔产生的高温炽热、黏稠、含有挥发分的硅酸盐熔融体，是形成各种岩浆岩和岩浆矿床的母体。

科学解释：地形抬升和侵蚀的结果

"撒哈拉之眼"到底是什么原因形成的？多年来，人们众说纷纭。

有人说，是外星人造访地球留下的痕迹；有人说，是某超级大国秘密进行核试验的产物；更有人说，这是上帝之手的杰作。

后来，地质学家通过大量勘探认为，这是地形抬升与侵蚀作用同时进行造成的结果。

原来，在撒哈拉的漫漫黄沙之下，是坚硬的岩石层。数十万年前，由于地质运动，沙漠下的岩石受到抬升，从沙土中脱颖而出。岩石层露出地面后，在大自然风吹、日晒、雨淋的侵蚀下，逐渐形成了一个巨大的凹地。由于岩石层的结构不尽一致，有的岩石十分坚硬，有的相对较松软，在相同的自然条件下，坚硬的岩石受侵蚀程度较低，特别是一些硬度较高、不易受侵蚀的古生代石英岩基本保持了原貌。巧合的是，这些石英岩恰好组成了3个同心圆。于是，这个奇异的地貌便出现了。

不过，这只"眼睛"为何这么大、这么圆？还有，古生代石英岩为何独独出现在同心圆的圆弧上？这些谜题，科学家们尚未给出合理的解释。

地质构造运动

地质构造运动主要表现为地壳的机械运动，但不仅仅局限于地壳的运动，通常还涉及岩石圈。一般情况下，构造运动缓慢不易被人察觉。特殊情况下，构造运动剧烈而迅速，表现为地震，由此还可能引起山崩、海啸等，在这些情况下，人们可以察觉到构造运动。

神奇墨水湖

像墨水一样的湖泊，你见过吗？

如果没有，大家就一起去加勒比海的特立尼达岛走一圈吧，在那里，你可以看到一个像墨水般的黑色湖泊。

墨黑的湖泊

特立尼达岛到了。不过，如果去墨水湖，还得走上一段路。

此时，正赶上下雨天，紧走慢赶才到墨水湖。这时，天放晴了。树林环抱中，一个黑色的湖泊出现在眼前：湖水漆黑一片，阳光照射在湖面上，湖盆闪闪发亮。整体来看，黑色的湖泊就像一个巨大的砚台，里面盛满了刚刚磨好的墨汁。

这个神奇的湖泊叫彼奇湖，它占地40多万平方米，湖水深约82米。至于湖水为什么是黑色的，并不是因为湖里面的水是真正的墨汁，而是因为湖里有一种天然沥青，所以，人们又把这个湖称为沥青湖。

对于沥青，相信绝大多数人都很熟悉。沥青是一种主要由碳和氢组成的化合物，颜色乌黑。作为一种矿物，天然沥青广泛分布在世界各地，它最大的用途是铺在公路或建筑屋顶上，是非常好的建筑材料之一。

雨过天晴。在火辣辣的阳光照射下，彼奇湖上的雨水很快便蒸发

沥青的种类

沥青主要可以分为煤焦沥青、石油沥青和天然沥青三种。煤焦沥青是炼焦的副产品，即焦油蒸馏后残留在蒸馏釜内的黑色物质。它与精制焦油只是物理性质有分别，没有明显的界线，一般的划分方法是规定软化点在26.7℃（立方块法）以下的为焦油，26.7℃以上的为沥青。石油沥青是原油蒸馏后的残渣。根据提炼程度的不同，在常温下成液体、半固体或固体。石油沥青色黑而有光泽，具有较高的感温性。天然沥青储藏在地下，有的形成矿层或在地壳表面堆积。煤焦沥青和石油沥青都有毒性，而天然沥青大都经过天然蒸发、氧化，一般已不含有任何毒素。

掉了，于是，黝黑发亮的沥青露出了"庐山真面目"。它又黑又黏稠，如果用一根小木棍搅动，你会发现，沥青像面皮一样卷在木棍上，搅动起来十分费力。

不下雨的时候，彼奇湖上几乎看不到一滴水。这时的湖面也变得平坦而干硬，人们不仅可以在上面行走，还可以骑自行车。不过，骑车时，你可不要得意忘形，因为湖中央有一块很软很软的地方，在那里，稀软黝黑的沥青正源源不断地冒出来，如果不小心栽进去，恐怕很难再爬出来了。

由于沥青不断从湖中部向周边渗流，所以，彼奇湖时刻都在移动。站在湖边的人们有时会听到沥青干裂时发出的扑通声以及气体受力外逸时发出的噗噗声。

沥青来自何方

彼奇湖最令人感觉神奇的地方就是湖里的沥青似乎"取之不尽，用之不竭"。那里的沥青实在是太多了。自1860年以来，人们已经不停息地在湖里开采了100多年，被运走的沥青多达9000万吨；然而，彼奇湖的湖面并未下降。一批沥青被开采运走后，湖里很快又会涌出新的沥青填补上空缺。

彼奇湖里到底有多少沥青呢？

地质专家曾经专门对彼奇湖进行过考察，他们用钻探机向下钻探，打到90米深处，取出那里的岩心时发现，下面仍然是沥青，而且不知道底下的沥青层还有多深。通过计算，专家们得出一个大概的结论：如果按每天开采100吨计算，即使再开采200年，湖中的沥青也不会枯竭。所以说，彼奇湖算得上是目前世界上最大的天然沥青湖。

这么多的沥青从哪里来的呢？

我们先来看看天然沥青是如何生成的吧。众所周知，石油是从地下开采出来的；但在有些地方，地下的石油会自己冒出地面，在风吹日晒的环境下，石油中那些容易挥发的物质会很快蒸发掉，留下一些重油混合的物质，这就是天然沥青的生成过程。地质专家通过考察推测，彼

天然沥青

奇湖的湖底岩层下蕴藏着丰富的石油和天然气，由于地壳运动，岩层破裂，石油和天然气从地下溢出；而彼奇湖所在的地方，原本是一个很深的死火山口，于是，石油和天然气通过裂缝涌进火山口，形成了一个石油湖；之后，油气挥发，留下了重油混合的残渣，这便是满湖沥青的来历。

彼奇湖地区的气候较为干燥，降雨时间并不多，因此湖面看上去经常像一系列黑灰色的褶皱，只有下雨的时候，雨水在褶皱之间的低洼地带汇聚起来，彼奇湖才能成为名副其实的墨水湖。

动物坟场

这个盛满沥青的湖泊不但令人感到奇异，而且是动物的坟场。每年，彼奇湖都会"吃掉"大量动物。这些动物不但有水鸟、狐狸、鬣狗等，还有狮子、豹子等体形较大的猛兽。这是怎么回事呢？

原来，雨季来临时，大量雨水从天而降，汇聚在湖面上，使得彼奇湖出现湖满水溢的景象，一些从别处游来的鱼儿也趁机在湖里繁殖生长。不过，好景不长，短暂的雨季过后，旱季便来临了。在烈日的照射下，湖面上的水很快蒸发掉，沥青也被晒干。不过，在一些凹处还残留着水塘，鱼儿们在这些水塘中无望地挣扎着。它们的挣扎引来了水鸟，鸟儿飞落在水塘边，毫不费力地大快朵颐。吃饱喝足之后，可怕的事情发生了：浓稠的沥青黏住了鸟儿的双脚，它们越挣扎，沥青黏得越紧。就这样，贪吃的水鸟被困在了湖里，不停地发出绝望的哀鸣。

鸟儿的哀鸣很快引来了狐狸，看到湖里唾手可得的美食，狐狸便不顾一切地冲了进去，结果可想而知：狐狸也被沥青困住了。

狐狸之后，闻讯而来的是凶恶残暴的鬣狗，它为了吃到水鸟和狐狸肉，同样跳进了湖里，结果也被沥青牢牢黏住了。再后来，豹子、狮子来到这里，当它们发现湖里有那么多猎物时，都没有忍住诱惑，冲过去想一饱口福，结果无一例外地丧生于湖中。

彼奇湖就像一个可怕的陷阱，每年都有大量动物死于湖中。尽管湖面上白骨累累，但仍有很多动物前仆后继地朝湖里奔去——它们都禁不住湖里美食的诱惑。

食物链

食物链是英国动物生态学家埃尔顿于 1927 年首次提出的生态学术语。它是指生态系统中各种动植物和微生物之间由于摄食关系而形成的一种联系，因为这种联系就像链条一样，一环扣一环，所以被称为食物链。食物链揭示生物系统中物质循环和能量流动的规律，指出物质和能量从一种生物转化到另一种生物时，后者（高位营养级）的生物量约为前者（低位营养级）生物量的十分之一。组成食物链的各级生物按照一定量的关系，由大到小列成金字塔形。

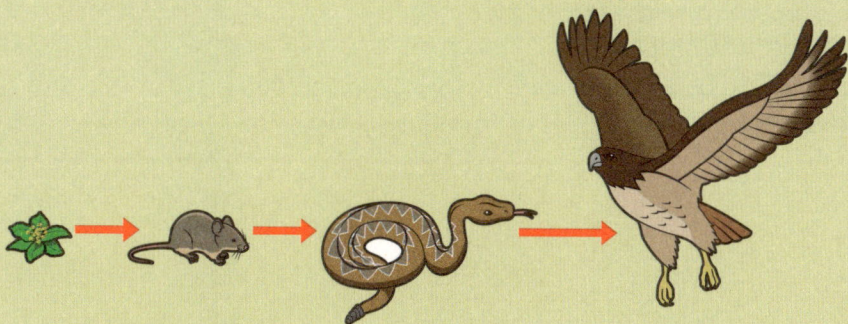

太湖的诞生

诗家道"云山已作歌眉浅，山下碧流清似眼"，词人曰"水是眼波横，山是眉峰聚"。的确，充满了生机、闪动着灵气的湖泊，点缀于大地之上，真的仿佛大地之眼；而"平湖万顷碧，峰影水面浮"的太湖，也就是妩媚温柔的江南之眼了。这江南之眼，在久远的岁月里，是那样的美丽纯净、从容淡泊；然而近几十年来，却逐渐地在浑浊、在萎缩，被污染、被蚕食。直视这明眸不再、布着血丝的江南之眼，我们或者会有兴趣去探寻她的开眼时刻——太湖的诞生究竟是怎样的情形？直到今天，似乎还是云遮雾罩般地尚未清晰。

众说纷纭

现代的太湖，是一座典型的平原浅水型淡水湖泊。这样的巨浸从何而来？传说在很久很久以前，太湖原本是一块平原，在这块平原的西南部，群山逶迤，树木葱茏，常有神龙出没其间。一天，神龙们一时兴起，下山嬉戏，吐水成湖，于是平陆遂成湖泽。又有传说，这块平原上置有一县，后为滔天洪水淹没，县沉湖底，湖的北面则涌出了一块陆地，就是今天的无锡城。诸如此类的传说，收集起来还有不少。传说虽非真实，却也反映了"包孕吴越"的太湖在先民心目中神秘甚至神圣的地位。而自20世纪初以来，不同专业立场的学者们依据各自的理解与各类资料，开始科学地解说太湖的成因，并提出了众多饶有趣味的观点。

其一，潟湖说认为：长江、钱塘江两条大河不断地输送泥沙，使得河口逐渐东延，而处于长江与钱塘江河口之间的太湖原本是与海相通的大海湾，后来，长江南岸沙嘴与钱塘江北岸沙嘴相接，海湾就被围成了潟湖。再后来，随着入湖的陆上水流经年累月地注入，咸咸的海水变成了淡淡的湖水，太湖就这样形成了。

其二，壅塞说认为：发源于天目山和宜溧丘陵、自西向东流淌的若干河流，由于海面和长江河口段水位的不断上升以及沿海沙堤的发育，河口逐渐被淤塞。也就是说，东、北、南三面为相对较高的沙冈和沙嘴包围的太湖平原，出水不畅，导致了太湖洼地的壅水为湖与湖面的不断扩大。

其三，构造说认为：世界上大湖的湖盆几乎都是由内动力地质作用形成的，太湖也不例外。太湖湖盆区域属于构造沉降带，而其西高东低的倾斜式下沉方式又决定了湖区的边框形态。换言之，构造下沉造成了地势低洼，地势低洼又产生了汇水效应，终于积水成湖。

其四，陨击说认为：在无法想象得出的年代以前，曾有一颗陨石从天外飞来，正好落在太湖的位置上，于是原本平坦的地层被砸出了一个形如马蹄的大坑。简言之，太湖湖盆根本就是个大陨石坑。

除了以上四说之外，还有外洪内涝（平原淹没）说、地震陷落说、

陨击坑的特点

① 大的陨击坑表面呈碗形。
② 地层和它的周围相比是颠倒的。
③ 坑内有冲击的现象。
④ 坑内有冲击矿物。
⑤ 能拾到陨石碎片。

风暴流涡动说等。这众多的说法自然各有其依据，以最新出现的、也颇有趣的陨石冲击成湖说为例，其证据是这样的：

第一，太湖的东北部向内凹进，湖岸破碎；西南部则向外凸出，湖岸整齐，略呈平滑的圆弧形。这样的外部轮廓属于典型的陨石坑形态。

第二，野外调查发现，太湖周围的岩层断裂有其规律性。太湖东北部的岩层有不少被拉开的断裂，太湖西南部的岩层断裂则多为挤压所形成。这样异常的岩层断裂情况，应该是在受到一种来自东北方向的巨大冲击时才会出现的。

第三，研究人员采集与观察太湖附近的岩石，发现了成分十分复杂的角砾岩、因受冲击力作用而产生的岩石变质现象，以及只有陨石冲击才会产生的宇宙尘和熔融玻璃。

据上所述，持陨击成湖说的学者推断，陨石是从东北方向按照一定的交角俯冲地面的。太湖西南部对着陨石的前下方，受到的冲击力最强，所以产生放射性断裂；太湖东北部则受到拉张力的作用，形成与撞击方向垂直的张性断裂。而陨石巨大的冲击力造成了地壳岩石的破碎，并形成成分混杂的角砾岩和岩石的冲击变质现象。

锁海成湖

然而，在有关太湖成因的各派观点中，响应最多、传播得最广的还是 20 世纪初最先提出并且直到今天还在丰富与发展中的潟湖说。

平实而论，太湖的潟湖说具有明显而直观的说服力。太湖的位置确实在长江与钱塘江的夹缝中，这两条大河的河口直到今天仍在缓慢而坚定地向前移动着；太湖水面辽阔，却又十分平浅，这也与海边的潟湖非常相似。

当然，我们在肯定潟湖说的同时，对于其他诸说的合理成分也应给予充分重视。试想，如果缺乏构造下沉或低洼地势，何来蓄水的湖盆？

太湖卫星图像

如果没有来水的持续与出水的壅塞，何来湖水的维持？也正是在其他诸说的挑战与质疑下，潟湖说由粗略到精细，逐步完善了起来。

那么，按照占有优势并逐步完善起来的潟湖说，太湖的形成过程究竟是怎样的呢？问题的复杂之处在于，潟湖说内部的各家也有分歧不一的地方。但阐述较为全面的研究结果给我们的答案是这样的：

首先，依据地层资料可知，现代太湖底部分布较广的硬黏土代表第四纪最后一次冰期的陆相沉积，那时，太湖区域曾是一片沟谷切割的陆地，冰后期海水浸进，形成太湖海湾和潟湖。

其次，太湖的碟形洼地地貌是如何形成的？太湖及滨湖平原较东、南滨海平原低 2～3 米，这样的碟形洼地是地壳内应力与海洋营力共同作用的结果。所谓地壳内应力，是指长江三角洲地区稳定的沉降作用，比如近 5000 年来，太湖平原的沉降速率粗略推算达 0.4 毫米/年；所谓海洋营力，即河口与海洋带来的丰富的沉积物质，使得东、南滨海平原沉积厚度大，同时滨海平原的高度又受着不同时期海面高潮位的控制，几千年来海面在波动中上升的趋势造成了碟形地貌向海滨方向逐渐抬升的地形。碟形地貌形成以后，海面的上升和下降，通过江河水面和地下水位，影响和控制了太湖水位的升降和湖泊盛衰。由此可以推断，现代太湖正是在碟形洼地的基础上，由于海面上升，新月形潟湖扩大而形成的。

最后，太湖如何最终形成？其间的关键过程为：全新世早期，太湖北侧已存在潟湖环境，太湖海湾已现雏形；6500～7000 年前，海面接近现代海面高度，海侵达到最大范围，太湖周围除丘陵山地外，大部分遭到海水浸淹，广阔的太湖平原大部分成为古潟湖。到了大约 5400 年前，海面略有下降，除太湖海湾继续存在外，平原内侧由于长江南岸沙嘴对海潮的阻遏，出现了星罗棋布的湖沼群，陆地也有所扩展。海面的再次回升大约从 5000 年前开始，但海水浸漫的范围已大为缩小，太

湖海湾也逐渐演变为半封闭的海湾。此后，长江携带的泥沙不断加积，促使岸线向东南推进，逐渐形成喇叭形的杭州湾。潮波自东海传入湾内，引起急剧变形，潮差增大，潮流变急，湍急的潮流在太湖海湾口遭遇山体的阻滞，流速减慢，所携带的泥沙堆成沙嘴，形成高亢的海积地形，从南边封堵了太湖海湾的出口，平原上再次出现较多的湖沼群。从4400 年前开始，海面又较现在偏低，大量湖沼趋于萎缩，大片土地出露成陆。而到了距今约 3700 年以后，气候变得温暖湿润，海面再度上升，引起潮水倒灌，恰逢雨量充沛，因而带来洪水成灾，湖面逐渐扩展，再经过传说中的大禹疏通三江（一般认为即后世所称的吴淞江、娄江、东江，为太湖的主要泄水系统），亦即先民的导流入海，于是奠定了今日太湖的基础。

　　总之，地壳沉降与海面上升造成的江南碟形洼地，为太湖的形成提供了地貌基础；长江与钱塘江沙嘴如同钳子一样的封锁，使曾经水深潮急的海湾转型为潟湖；再经河口与海岸泥沙的继续淤积，潟湖渐成与海洋完全隔离的湖泊；最后经过湖水持续而漫长的淡化过程，终成含千种情愫、带万般温柔的江南之眼——太湖。

岩溶奇迹 ——钟乳石

　　如果说钻石的形成过程是凤凰涅槃、浴火重生，钟乳石的形成就是水滴石穿、锲而不舍；如果说璞玉经历打磨方显其美，钟乳石的美就是天造地设、浑然天成；如果说贝壳因为受伤而孕育珍珠，那么岩石就因为溶解而形成婀娜多姿的钟乳石。变化多端的钟乳石可以像高山，也可

钟乳石

以像莲蓬；可以形似笋，也可以貌似柱；可以无限雄壮，更可以小家碧玉。自然界中各种各样奇特的钟乳石让人目不暇接，无限神往。

古人对钟乳石的记载

古往今来，很多人对钟乳石的产出环境、景致、用途等进行过描述。西汉时代的药物学著作《神农本草经》最早提出了"石钟乳"的概念，并记载了钟乳石作为药物的用途。唐代韩愈描述桂林岩溶地形："江作青罗带，山如碧玉簪。"柳宗元形容："桂州多灵山，发地峭坚，林立四野。"北宋沈括《梦溪笔谈》中记载："石穴中水，所滴者皆为钟乳、殷孽。"宋代的李曾伯游历桂林山水后赞叹道："桂林山水甲天下！"明朝徐霞客在他的《徐霞客游记》中记："诸危峰分岠叠出于前，愈离立献奇，联翩角胜矣。石峰之下，俱水汇不流，深者尺许，浅仅半尺。""乱尖叠出，十百为群，横见侧出，不可指屈……"

长年累月铸佳品

现代地质学认为，钟乳石是在碳酸盐岩等可溶性岩石发育的地区，经过几

《梦溪笔谈》

百科全书式的著作，尤以其科学技术价值闻名于世，由北宋科学家、政治家沈括（1031～1095）所撰，涉及古代中国自然科学、工艺技术及社会历史现象，是一部综合性笔记体著作，共30卷。该书在国际上亦受重视，被英国科学史家李约瑟评价为"中国科学史上的里程碑"。

沈括

万年、几十万年甚至更漫长而特殊的地质作用，形成于溶洞中的外观呈石钟乳、石笋、石柱等形态的碳酸钙岩石的统称，其成分与常见到的方解石、冰洲石、大理石等相同。莫氏硬度为3，用小刀可以划动（莫氏硬度指岩石抵抗外界刻划、压入、研磨的能力）。一个简单的鉴别方法就是在钟乳石表面蘸上稀盐酸会有气泡产生。可溶性岩石发育的地区又称为喀斯特。喀斯特是位于巴尔干半岛亚得里亚海沿岸的一个高原，因为碳酸盐岩石的发育良好，并经过地下水的溶蚀，形成了奇特的地貌而被作为这一类型地貌的代名词。

钟乳石不仅有着非常丰富的审美价值，是一种天然的观赏石，它还能反映出一个地区的地质形成条件和过程，具有重要的地质学研究价值。每一株钟乳石的形成都汇集了碳酸盐岩等可溶性岩石的精华。地下水通常会逐

巴尔干半岛

位于欧洲东南隅，亚得里亚海与黑海之间，与西班牙、葡萄牙所在的伊比利亚半岛及意大利所在的亚平宁半岛并称为南欧三大半岛。"巴尔干"一词是由土耳其语"山脉"派生出来的。巴尔干半岛面积约55万平方千米，有近5500万人口居住于此。

渐溶解岩石，当一个地区的气候温暖、潮湿、多雨又发育着厚度大、质地纯、近于水平产状的可溶性岩层，并且这些岩层附近排水条件良好、在相对较长的时期内地面抬升相对稳定时，就容易形成瑰丽的溶洞奇观。当然，随着近年来对全球岩溶研究的深入和扩展，人们发现即使在沙漠、冰川或极地条件下，由于凝结冰或融冰融雪作用，也可能发生岩溶地形。同时，由于各地区的气候条件是在不断变化的，目前处于干旱半干旱条件下的溶洞，在地质历史上完全可能曾经是温暖多雨的潮湿气候。因此，对钟乳石形成的研究还有利于判定气候与地质环境的变迁。

地表水长期溶蚀碳酸盐岩石，形成的沟状形貌叫溶蚀沟，突起的部分称为"石芽"。溶蚀沟进一步发展为漏斗形裂缝，地表水沿着裂缝渗入碳酸盐岩内部的过程中溶液达到过饱和，在流出缝隙的时候结晶，长期累积就形成了石钟乳。当漏斗形裂缝不断被溶蚀而加大加宽时，就会形成落水洞与溶洞内部相通。通常，碳酸盐岩的溶解是比较困难的，但是当地下水中二氧化碳的含量增多的时候，会发生二氧化碳同水及其产物和碳酸钙的相互反应，得到溶于水的碳酸氢钙，溶于水的碳酸氢钙随着地下水的流动被带走，使碳酸盐岩逐渐被溶解、破坏。地下水做近水平方向的运动而将岩石侵蚀成沿水平方向延伸的溶洞，因此，在溶洞内部常常发育暗河。世界上已知最长的溶洞系统是美国肯塔

碳酸钙与碳酸氢钙

碳酸钙是一种无机化合物，化学式为 $CaCO_3$，是石灰石、大理石等的主要成分。碳酸钙通常为白色晶体，无味，基本上不溶于水，易与酸反应放出二氧化碳。它是地球上的常见物质之一，存在于霰石、方解石、白垩、石灰岩、大理石等岩石内，同时也是某些动物骨骼或外壳的主要成分。碳酸钙也是重要的建筑材料，工业上用途甚广。

碳酸氢钙是一种无机酸式盐，化学式为 $Ca(HCO_3)_2$，可溶于水，可以由碳酸氢钠和易溶于水的钙盐反应得到。碳酸氢钙在 $0℃$ 以下比较稳定，常温下易分解，得到碳酸钙固体。

基州的猛犸洞，洞内暗河水系广泛分布，经测量，其内部地下通道长达252 千米。溶洞是远古人类的栖息场所，位于桂林市南部的甑皮岩洞中曾发现新石器时代的碎石块、动物骨骼、骨器、陶片及 14 具人类骨架，通过碳-14 同位素测定，距今 10000～7500 年左右。

地下水溶解并运输的物质常以过饱和的方式发生沉积，当富含碳酸氢钙的地下水在压力突降、温度升高时，由于二氧化碳逸出及水分蒸发，水中的碳酸钙会迅速达到过饱和而沉淀，形成各种沉积物。从溶洞顶部滴下的过饱和溶液会逐渐在底部集聚，形成溶蚀坑。当过饱和溶液继续滴下而没有新鲜溶液的进入或者饱和溶液的排出时，沉积物会逐渐累积，形成溶洞滴石，从下往上生长进而形成石笋。同样，如果滴下的过饱和溶液在溶洞顶部沉积，就会使石钟乳从上往下逐渐生长。当上面的石钟乳与下面的石笋长到一起的时候就形成了完整的石柱。如果过饱和溶液沿岩石壁流下并发生沉积时，就会形成像瀑布或者帷幕一样的钟

新石器时代

新石器时代是考古学家设定的一个时间区段，在地质年代上已进入全新世，从 10000 多年前开始，结束于距今 5000～4000 年间，是石器时代的最后一个阶段，以使用磨制石器为标志。这一名称是英国考古学家卢伯克于 1865 年首先提出的。

新石器时代和晚期智人走出非洲、散布到全世界的过程有密切关系。晚期智人走出非洲之后，石器的制作和早期智人差异很大，不再是数百万年以来一直未变过的简单打制和切割用途，而是诞生了一系列种类繁多、制作工艺和使用目的变化巨大的新种类石器。

在新石器时代晚期，古人已进入文明社会。考古出土的陶器、青铜器、铁器、玉器、炭化纺织品残片和水稻硅质体等文化遗存表明，几千年前古人的冶铸技术、农业、制陶业、纺织业已相当发达。

磨制石器

乳石，叩之，铿锵有声，但是声调不同；如果滴下的速度较快并泻流到稍大的范围沉积下来，就形成莲蓬钟乳石。有的钟乳石表面会有气泡凹坑的痕迹，这是因为在沉积过程中有大量二氧化碳逸出，这种现象就和日常生活中把醋倒入充满水垢的茶壶中顿时产生大量气泡的原理一样。

钟乳石的评价与欣赏

钟乳石形态万千，属于因岩溶作用而自然造型的一种观赏石，受到很多人的喜爱并将其作为收藏品保存。评价一块观赏石的优劣，是否属于奇、美、异、独、特，应该考虑如下这些因素：天然产出、造型奇特、花纹别致、晶体完整、颜色可人、光泽自然、寓意深刻、讲究组合搭配等。当然，所谓人无完人，金无足赤，观赏石也是一样，绝大多数情况下一块观赏石不可能同时具有以上所有条件，但某项因素特别突出则可以弥补在别的因素中的缺陷，所以在评价的时候要视情况而定。

对于钟乳石的欣赏，我们主要从组合美、形态美、意境美这三个方面考虑。首先，组合美是指多个钟乳石互相搭配组合起来的、具有一定层次的协调的美感。比如，溶洞里面的瀑布钟乳石与莲蓬钟乳石以及暗河相映成趣，身临其境，顿生"望飞瀑直下三千尺，喜泛舟莲池五千回"的情愫。而整个溶洞或许像一座宫殿，亭台楼阁、山石布景、花草鱼树俨然一幅世外桃源的景象。另外，早在春秋时代就有人开采石钟乳、石笋造园林假山，现代人也将钟乳石制作成各种摆件，这正是利用了钟乳石与周围环境的层次协调感，高雅奇趣，韵味十足。其次，形态美是指对单个钟乳石形态的欣赏。比如，有的钟乳石像神仙下凡，晶莹剔透，色泽鲜亮；有的又酷似动物，栩栩如生。在四川省巴中市通江县的中峰洞中，有一块形似乌龟，长宽高均约1米的钟乳石，人们在乌龟身上系上红绸，寓意长命百岁、福星高照，每个到过那里的人都希望抚摸长寿龟以祈福。最后，意境美即通过对钟乳石纹理、图案、造型等方面的观察发现其中的抽象之美。钟乳石是碳酸钙的结晶体，由于成矿溶液成分的差异或者阶段性生长以及温度等条件的变化，导致了晶体的形态不同。观察钟乳石表面天然的纹理和图案需要品味和联想，或许要陷入沉思，既能找到它生长的规律，又不得不感叹大自然的神奇。欣赏美好的事物总是需要投入感情的，只有对钟乳石报以极度的热爱，才能更深刻地体会到大自然的鬼斧神工、最震撼人心的美感及丰富多彩的文化内涵。

钟乳石的其他价值

中国幅员辽阔，岩溶地貌分布十分广泛。东至江苏，南至广西、贵州，西至四川、重庆、云南，北至辽宁，中有湖北、河北等地均有钟乳石分布，因此，钟乳石资源相当丰富。中国古代就开始将钟乳石入药，医书《本草求原》中记载钟乳石能暖肺纳气，治疗肺寒气逆，喘咳痰清。《医林纂要》中记载钟乳石能补命门，温脾胃，生气血。随着现代医学的发展，钟乳石不断被用于制药业。一些当代医学文献中指出，钟乳石对治疗新生儿红臀和十二指肠溃疡等疾病有良好的效果。

那些岩溶地貌发育的地区往往依山傍水，风景秀丽，山势层峦叠嶂，怪石嶙峋，是难得的旅游胜地。云南的路南石林、桂林漓江山水、重庆武隆岩溶国家地质公园等都是优秀的代表。一方面它们具有重要的研究价值，是研究岩溶地貌成因、地质变迁过程的基地；另一方面它们具有珍贵的旅游价值，对带动当地经济的发展起着重要作用。应该指出的是，钟乳石是不可再生资源，国家不允许对其随便开采。近期一些报道称，钟乳石资源遭到破坏，游客将溶洞内的钟乳石敲下带走。鉴于此，相关职能部门应该加大监管力度，防止类似行为再次发生。同时，还应该合理开发利用溶洞钟乳石资源，对有限的资源进行保护，只有这样才能走上科学、合理的可持续发展道路，为我们的子孙后代留下宝贵的钟乳石财富。

再探罗布泊

　　到罗布泊去，对很多人来说，都是一个长久的梦。有位日本人曾写过一本书，叫《丝绸之路上的99个谜》。罗布泊，就是其中最大的一个谜。

　　2008年11月，罗布泊迎来了历史上最大规模的一次科考行动。考察首次实现了自然科学与人文科学的结合。在为期一个月的考察中，来自地质、考古、农业等20个不同专业的29名专家参与其中，这也是罗布泊考察史上专家队伍最强大的一次，国内罗布泊研究精英汇聚一堂。

　　这次大规模科考活动取得了许多成果，但罗布泊还有许多未知的谜，等待我们去揭示。

寻找小河死者的家

2008 年 11 月 25 日，考察在新疆库尔勒启动，第一支出发的分队即考古分队，目标是小河遗址区，考察重点是小河遗址的周边环境。

1914 年前后，维吾尔族人奥尔得克首次在罗布泊发现一个有"千口棺材"的地方。1934 年，在奥尔得克的带领下，瑞典探险家斯文·赫定牵头的考察团在孔雀河下游库姆河的一条无名支流附近，找到了这片墓地，并在此发掘了 12 座墓穴，采集到大量文物。他断定，这片墓地"早于中国统治楼兰王朝时期"，即在西汉前。考古学家沃尔克·贝格曼将墓地附近的无名支流随意称为"小河"，这片墓地便有了"小河墓地"之名。

此后不久，小河墓地却很快消失在人们的目光中，直至 60 余年后的 2000 年末，才由当时的新疆文物考古所所长王炳华研究员重新发现。

2002～2005 年，由新疆文物考古所伊弟利斯研究员担任队长的考古队对小河墓地进行了试发掘和全面发掘，取得了丰硕的成果。考古队在这里发掘墓葬 167 座，还有超过 190 座的墓葬因风沙等原因被完全破坏。奥尔得克所说"有千口棺材的地方"确实不是虚言。

然而，考察队专家们的目光并不在小河墓地，他们此行的最重要目标是解答这样一个疑惑：墓主人生前的家在哪里？

贝格曼在当年曾用几个月时间走遍了小河两岸，始终没有发现过一处古代人类聚居遗址。小河墓地东距楼兰遗址直线距离 102 千米，在当时要走 10 天以上。

英国探险家斯坦因提出另一种解释，说罗布人曾将小河墓地称为"麦得克沙尔"，即麦得克城（小方城）之墓，麦得克城为斯坦因所发现，更在楼兰遗址以东。当时的人是不会选择路途如此遥远的地方作为死者的归宿地的。

楼兰

　　楼兰，古代西域的一个国家，后更名为鄯善，现仅留下遗迹。公元4世纪末前后，楼兰城最终废弃。楼兰国东起古阳关附近，西至尼雅古城，南至阿尔金山，北至哈密。楼兰古城今属新疆巴州若羌县，与若羌县城直线距离220千米。考古队员重新测定楼兰古城的位置在东经89°55′22″、北纬40°29′55″，四面城墙约长330米，总面积10.82万平方米，基本呈正方形。

　　关于楼兰绿洲废弃的原因，学者们讨论的说法很多，综合起来主要有5种：一是气候变干说；二是河流改道或分流说；三是接纳水系周期性变化说；四是人类用水不当，导致土地盐碱化说；五是丝绸之路改道，因前凉时随鲜卑势力退出北方，前凉在高昌（吐鲁番）设郡，丝绸之路中道畅通，导致了楼兰古城和楼兰绿洲的萧条。此外，还有异族入侵说、疾病流行说等。

　　楼兰古城遗址对研究中西方交通、东西方文化交流和中国古代边疆与内地的联系等问题均有重要价值。

楼兰古城遗址

现代卫星遥感技术解决了这一难题。

出发前，队员之一的中国科学院地质与地球物理研究所吕厚远研究员通过互联网"谷歌地球"系统调取小河遗址、米兰遗址和楼兰遗址等的卫星影像资料，对小河遗址周围 20 ～ 30 千米进行了一次高分辨率扫描。结果发现，在小河遗址西北方向五六千米处，古河道有一段向东弯曲，在河道西岸中心部位，存在一个由近南北向和近东西向构成的白色直角条带，如一个反写的"L"，图像中显示其南北长约 180 米、宽 6 ～ 10 米。这一图像与周围沙丘的移动方向截然不同，似为人工痕迹。

到达小河遗址第 2 天，考察分队即向卫星图像疑点进发，在距疑点 1 千米左右，地面开始出现陶片、动物骨骼和汉五铢钱。到达疑点后，一座只剩下东、南两段墙体的城池从沙丘中露出。墙体三边长均为 220 米左右，顶宽 6 米，东墙基部宽 8 ～ 10 米，由人工堆积泥土构成，南墙由红柳枝和泥土间层组成。墙体内侧有断续红烧土，上有大块木炭，周围有陶片、纺轮等。由于城内大部分为流沙掩埋，城池究竟为方形或长方形，尚不能确定。

根据遗物，伊弟利斯研究员初步认定这是一座汉晋遗址。遗址与小河墓地距离约 6.5 千米，当天可以来回，基本能认定其为小河死者生前的家。另据对小河古城建筑的碳-14 测定结果显示，遗址建于公元 440～500 年间，应为北魏（386 ～ 534）时期。由此，小河墓地的年代也要相应推后至北魏时期。小河墓地死者生前的家终于找到了。

罗布人的又一处家园

罗布人，不是一个种族，而是曾经生活在罗布荒原的居民的总称。

人类在罗布荒原活动的历史十分悠久，但由于环境的变迁，人类活动在此出现了中断，因此在现代人看来存在许多难解的谜。

如今，人们关注最多的是最后一拨罗布人，即清末民初生活在阿不旦一带的罗布荒原居民。

阿不旦，相当于罗布人的"首府"，在罗布方言中是"水草丰茂，适宜人居住的地方"之意。英国探险家斯坦因1906年进入罗布泊前到达的阿不旦，已经是一处新阿不旦了。这是因为老阿不旦的盐化迫使罗布人迁往新址。新址也取名阿不旦。

老阿不旦傍湖而生，新阿不旦则靠人工开挖的

盐化

盐化是指可溶性盐类在土壤中，特别是土壤表层累积的作用。

水道捕鱼，两地居民虽同样以渔业为生，捕鱼条件却发生了极大改变。至1921年塔里木河重归罗布泊，失水的罗布人只能放弃阿不旦各奔东西了。

在罗布荒原还有多少罗布人的聚居点？它们最早出现在什么时候？

考察队抵达若羌县后，一条线索引起了队员的关注，当地人在罗布庄东侧发现了一个新的聚居遗址。考察队决定前往这片遗址一探究竟。

这是一片用残存的芦苇扎成的住宅遗址，房屋建筑与老阿不旦相似，从房屋中残留的渔网可以判定它是一个渔村，房屋与房屋间隔30～50米，大小不等，还有生火的痕迹。在一间房屋中还发现一个用胡杨木凿成的木盆，估计是用来盛食物的。经初步判断，遗址与老阿不旦为同一时期，或者更早一点，但因距罗布泊太远，各国探险队都未曾到过这里。

这里的居民究竟是阿不旦的"臣民"，还是更早的一个"阿不旦"，尚需搞清。

揭示楼兰屯田之谜

　　2000 多年前，西汉政府在抗御匈奴、收复西域的军事行动中，为解决官兵的粮食供应问题，开始在西域屯田。早在公元前 1 世纪，汉政府即在渠犁（今尉犁）和轮台（今轮台附近）一带开渠引水、屯田积谷。

　　楼兰作为西域门户，有"西当焉耆、龟兹径路，南强鄯善、于阗心胆，北捍匈奴，东近敦煌"的重要战略地位，尤受汉政府重视。当时楼兰国有"户千五百七十，口万四千一百"，但"地沙卤，少田，寄田仰谷旁国"。公元前 77 年，汉政府派傅介子袭杀楼兰王，更国名为鄯善后，迁都伊循（今米兰），并派遣司马 1 人、官兵 40 人赴伊循屯田，由此开始了罗布泊地区的屯田。楼兰则担负"常主发导，负水担粮，送迎汉使"的重任。加上过往的商贾、僧侣，来往的人数相当多。他们不仅要吃，还要带上食水，解决路途上的给养问题。为此，在楼兰屯田，变得日益迫切。东汉班勇曾向汉廷建议，向楼兰派驻西域长史，田卒扩大到 500 人。尽管建议当时未被采纳，但至东汉末，楼兰地区的屯田规模实际已超过了班勇建议的水平。

　　东汉末、魏晋初，敦煌人索劢截住注滨河，蓄水溉田，动用的兵士除了索劢率领的酒泉、敦煌兵士千人外，又召集了鄯善、焉耆、龟兹三国兵士共 3000 人，结果取得"大田三年，积粟百万，威服外国"的赫赫战果。

　　索劢兴师动众大修水利、大量屯田的具体地点究竟在哪里？这始终是个谜。

　　在学术界，人们一致认为，注滨河即孔雀河下游河段，注滨河畔的注滨城，就是孔雀河下游的营盘遗址。但截住的水流向了哪里？到哪里灌溉了农田？众说纷纭。

班超

　　班超（32～102），字仲升。右扶风平陵县（今陕西省咸阳市）人。东汉时期著名军事家、外交家，史学家班彪的幼子，其长兄班固、妹妹班昭也是著名史学家。班超为人有大志，不修细节，但内心孝敬恭谨，审察事理。他能言善辩，博览群书，不甘于为官府抄写文书，投笔从戎，随窦固出击北匈奴，而后率领36人出使西域，在汉明帝末年收服了西域部分国家，但汉章帝即位后迫于北匈奴侵扰而放弃了西域，独留班超在西域，并为其增兵千余。汉和帝永元二年（90），班超击败自中亚来犯的月氏（贵霜帝国）。次年重新收服了西域部分国家，被汉和帝任命为西域都护。永元六年（94），班超将西域50多个国家全部收服，并使条支、安息及"至于海濒四万里外"诸国皆遣使朝贡。永元七年（95），被汉和帝封为定远侯，世称"班定远"。永元九年（97），派甘英出使大秦（罗马帝国），至地中海东岸而返。永元十二年（100），班超因年迈请求回朝。永元十四年（102），抵达洛阳，被拜为射声校尉。不久后便病逝，享年71岁。死后葬于雒阳邙山之上。班超在西域31年，在内平定诸国内乱，对外抵御强敌，人心向附，威信很高。他在西域进行军事活动，主要依靠当地兵力。为政宽简，吏士团结。自汉置西域都护以来，以班超功绩最为卓著。

　　北魏郦道元《水经注》中说，横断的注滨河河水由营盘南、楼兰南流过，并溉于楼兰城东。但是，至今在楼兰以东并未发现屯田遗迹，横断的河水按理说应该形成一段人工运河，也未见踪迹。

　　这一疑团，在本次科考中初步有了答案，同样依靠了卫星影像加地面调查：在楼兰遗址东10余千米处，有大面积与周围地面在色调上有明显差别的痕迹，一种是略带蓝色的暗色调，边界较明显；另一种为略带黄色的橙红色调，边界平直、明显。这两处与周围颜色较浅、呈北东

雅丹地貌

雅丹地貌由瑞典探险家斯文·赫定于 1903 年命名。"雅丹"源自维吾尔语，意思是"具有陡壁的小山包"。现泛指干燥地区的一种风蚀地貌。河湖相土状沉积物所形成的地面，经风化作用、间歇性流水冲刷和风蚀作用，形成与盛行风向平行、相间排列的风蚀土墩和风蚀凹地（沟槽）地貌组合。

走向的雅丹地貌有明显差别，带有人工痕迹。从卫星图像看，还有人工灌溉渠系痕迹和突显的人工堤坝痕迹。在楼兰与小方城之间还有类似码头的痕迹。灌区疑似耕地总面积接近尉犁绿洲，人工引水渠道，包括运河分布区甚至大过耕地区。

经过实地考察，专家发现，此处地面较平整，地上有特别坚硬的盐结壳，即石膏淀积层，周围的雅丹地层中却没有这一淀积层，应是人工灌溉造成的盐类淋溶淀积的结果。在通往疑似耕地的一条引水渠道处的较高平台上，考察人员发现了几块残留的泥质土墩，与周围很不协调，估计是灌溉渠系控制系统风蚀后的残留。

但是，大家在这片区域没有发现任何耕种的痕迹和农作物的遗迹，缺乏直接的耕地证据。

不过，地面观察和数百千米高度的影像之间，效应差距很大。作为新疆九大风区之一的罗布泊风区，近 2000 年的风蚀，对耕地层具有毁灭性的破坏，也是显而易见的。目前科学家对所采土样的分析尚寄希望，若能找到粮食孢粉，真相就大白了。

"大耳朵"的新传奇

美国从 1960 年就开始对地球表面进行卫星图像勘测，其中就有罗布泊的卫星影像。在卫星图片上，罗布泊形似一只人耳，不但有耳轮、耳孔，甚至还有耳垂，所以，罗布泊也被各国科学家昵称为"中国的大耳朵"。

这是一只硕大无比的"耳朵"，覆盖数千平方千米。它究竟是什么时候形成的？"耳轮""耳垂"和"耳孔"又分别代表了什么？

通过初步研究，考察队认为："大耳朵"是全新世以来的罗布泊湖盆，乃是不同时期的湖水干涸过程中，因干涸时间长短不同、积盐过程有强有弱而形成的在形态、物质组成和色调上各异的盐壳。"耳轮"是湖水退缩蒸发的痕迹，"耳孔"是伸入湖中的半岛，"耳垂"则是喀拉和顺湖注入罗布泊形成的三角洲，喀拉和顺湖位于塔里木河的尾端。

罗布泊的变化，与气候、水系关系十分密切。全新世以来的环境变化，自然会对罗布泊大小、形状产生影响。尽管干涸过程依然是同心圆收缩，但收缩的速度、幅度不同，所呈现的耳郭状态会有很大差别。有

罗布泊卫星图像

研究表明，全新世以来，罗布泊地区环境经历了多次重大变迁，可划分为 8 个阶段，尽管总体处在干旱背景下，但其中也包括相对暖湿的时期，距今 3900～3500 年的古墓沟文化期、距今 2200～1600 年的楼兰文化期，都处在相对暖湿的时期。距今 3400～2200 年，则是罗布泊地区一个极其干旱的时期，致使人类活动在此段内出现了断层。

至于我们如今看到的罗布泊"大耳朵"，不是全新世以来的湖盆，而是 20 世纪 60 年代初以来干涸的湖盆，也就是说，它是一只"新耳朵"。

过去认为，罗布泊"大耳朵"的"耳心"，是湖盆最后干涸的部分，也是罗布泊最低洼的地方。本次考察，利用 GPS 定位系统，对"耳心"进行了认真测定，结果表明，它不是罗布洼地最低点，因沙与盐壳的胶合形成的灰暗色调，使人们做出了错误的判断。在实地调查中，专家发现罗布泊东、西部之间非常平坦，没有湖坝存在，罗布泊分为东、西湖的结论也不成立。

当然，这些新认识还有待实验室的进一步分析，以及依靠埋藏在"大耳朵"中的大量雷达探测点长期监测的结果提供更多信息。

罗布荒原的新危机

本次考察，科学家们发现，罗布泊地区生态环境的恶化在大大加速。罗布泊地区南面为中国特有的羽毛状沙丘区，新的沙丘在大量形成，沙丘的移动急剧加速；罗布泊雅丹群是中国第二大雅丹地貌分布区，地形丰富，独具特色，包括龙城、白龙堆、三垅沙雅丹等雅丹群，目前其风蚀、崩塌也进一步加剧；荒原中各类遗址的风蚀、沙埋现象愈来愈严重，当年为彭加木烈士树立的殉难纪念碑周围也满是流沙。

罗布泊地区是一个重要的中国古代文明集中分布区，楼兰、小河、罗南、米兰等国家重点文物保护遗址和大量未名遗址，为我们保存了灿烂的西域文明。中国最大的钾盐基地建设、若羌红枣基地建设，哈若、新青、喀若等铁路建设，楼兰文化的复兴，也都亟须生态环境的保障。

生态环境的恶化，不仅威胁着罗布泊地区的大量遗址，也威胁着这一区域的经济开发，亟须寻求积极、合理的对策。

石钟山之谜

"湖水青青江水黄，人言此水号鸳鸯。钟声忽起波间石，清越偏宜秋夜长。"这是明末清初著名诗人屈大均所写的一首诗《泊舟石钟山下作》。诗中描绘了一幅奇怪的景象：一边是清澈的湖水，另一边却是浑浊发黄的江水，江湖两色，清浊分明。忽然，从水波之间的石头里传来阵阵钟声，悠扬动听，恰似一首古曲《秋夜长》。诗中描绘的江湖两色、阵阵钟声到底是怎么回事？现实中真有这样的奇景吗？如果有，这一景观又会发生在哪里呢？

江湖锁钥

在江西省湖口县境内，鄱阳湖与长江交汇的地方，有南、北两座小山，其中南边的叫上钟山，北边的叫下钟山，二者合称为石钟山或双钟山。其海拔为 61.8 米，面积为 9 万平方米。

虽然石钟山的个头并不大，但它所处位置特殊，自古以来就是兵家必争之地。在古代战争中，一旦占领了这两座地势险要的山头，就相当于锁住了长江和鄱阳湖的咽喉要道，进可攻，退可守，居高临下，一览无余，所以，人们称赞石钟山是"江湖锁钥"。三国时，周瑜在鄱阳湖操练水军，自石钟山发兵进击赤壁，大破 80 万敌军。元末，朱元璋与陈友谅率军大战于鄱阳湖，出没在此山之间。1855 年，为镇压太平天国运动，曾国藩曾派湘军水师进军湖口；可是，太平军据守石钟山并取得湖口大捷，打得湘军节节败退……石钟山曾在历史上留下许多故事。如今，山上仍保存着许多著名的历史遗迹，是人们凭吊怀古的好去处。

站在石钟山上俯瞰，只见鄱阳湖水与长江水合二为一，之后继续向东奔流。奇怪的是，在这两股水流之间竟然存在着一条十分明显的界限，绵延数千米，特别是在每年的 7、8 月份，这条分界线更为明显：长江水浑浊，颜色为灰黄色，而鄱阳湖水清澈，颜色为青绿色，一清一浊，差异显著，真可谓"泾渭分明"。更奇怪的是，每到 3、4 月份，春光明媚之时，这里又会出现"清浊倒置"的奇特景观：此时的长江水变得十分清澈，而鄱阳湖则变得浑浊。原因在于，冬暮春初，长江上游来水减少，江水流速降低，并且上游来水经过三峡水库的拦截，含沙量减少，所以水质转清；这时的鄱阳湖却正好处于枯水期，湖水含沙量升高，所以显得较为浑浊。

洪水期，在鄱阳湖入江口，鄱阳湖与长江泾渭分明

名称由来

石钟山之名传承至今，至少已有 1700 多年的悠久历史。这里之所以有这么大的名气，与大文豪苏轼有着莫大的关系。在元丰七年（1084）六月的一天，苏轼送长子苏迈到饶州德兴县任县尉，途经湖州时看到了石钟山，对其名称的由来心生好奇。

早在中国第一部记述全国范围内河川水系的专著《水经》一书中，就有鄱阳湖出口处有一座石钟山的记载。这里缘何被称为石钟山，众说纷纭，历史上也有不少人对石钟山之名的来源做过阐释。比如，北魏地理学家郦道元认为，由于石钟山下部靠近深潭，微风振动波浪，拍打山石，发出的声音状若洪钟，故而得名。唐朝江州刺史李渤在这里找到两块石头，敲击之后发现其中一块石头发出的声响重浊而模糊，另一块的声音则清脆而响亮，且经久不衰，于是就认为这可能是石钟山名称的由来。

对于上面两种观点，苏轼都不认可。为了探索石钟山的奥秘，他与儿子苏迈趁着夜色乘一叶小舟来到绝壁之下，在水上听到了如同敲钟击鼓一样的巨大声响，船夫都被吓得战战兢兢。苏轼仔细观察后发现，石钟山下有很多空穴和缝隙，且深浅不一，水波不断地涌进涌出，澎湃冲击，有"镗鞳"之声。苏轼觉得自己终于发现了石钟山之名的真相，于是就根据此次探险经历写下了流传千古的著名散文《石钟山记》。文中，他还毫不客气地把郦道元和李渤批判、嘲笑了一番。从此之后，石钟山的名气愈来愈大，苏轼文采斐然的文章和他身上展现的求真探索精神令后人叹服。南宋诗人喻良能赞之曰："坡翁文字妙来今，仙去遗踪杳莫寻。惟有石钟还好在，未须霜降自清音。"